世界第一簡單
虛數‧複數

相知政司◎著

國立師範大學　前數學系教授兼主任洪萬生◎審訂

石野人衣◎畫

TREND. PRO◎製作　直樹◎譯

序

當今世代，實行寬鬆教育。電機工程系的大學生，聽不懂關於電路學講課的情形時有所聞。筆者在大學講授電路學，發現不能解答簡單電路問題的學生，大有人在。我心想，必須採取行動，改變現狀，卻苦無萬靈藥。在我觀察之下，發現不懂電路學的學生，大都不擅長於處理複數，因此與出版社接洽，執筆寫成本書。

虛數的英文是 Imaginary Number，依字面乃指想像的數字，卻譯成虛數，意指虛構的數，給人負面印象。事實上，在自然界之中，數字真的存在嗎？畢竟，數字是由人類所創，在還沒有數字的時代，自然現象一如現在，自然發生。只是人類利用數字和公式，去表達和理解自然現象而已。

複數常被應用於電路，尤其是交流電路之中。實際存在的電壓波形及電流波形，可以複數作有效率的處理計算。在大學裡，關於電路學的講課，主要是講授交流理論。若不懂利用複數來計算電壓和電流，便不能修到學分。和電機相關的資格林林總總，在各種資格考試中，要用到虛數和複數作答的問題，比比皆是。

本書作為虛數和複數的入門書籍，但願能吸引更多的讀者產生興趣，用虛數和複數來計算電路，進而加以理解。

最後，本書得以順利出版，實拜歐姆社開發部門的建議，受益良多，永川成基先生和石野人衣小姐將筆者拙稿演繹成有趣且易於理解的漫畫，以及 TRENDPRO 的各位所賜，衷心感謝。

誠然，本書並非數學的專門書籍，數學的表達或有未盡嚴謹之處，只是，正如數學在歷史中有各種不同的表達，請容許筆者以考量虛數和複數容易理解為最優先，而寫成本書。

相知 政司

目 錄

$i^2 = -1$

序章

愛（i）的開始

考試中
請肅靜

這是逃避的
結果嗎…

虛數是什麼，
我實在不懂……
唯一知道的是……

數學考試結果
以下學生需要參加補考

1011023　櫻井優太
1011041

我最討厭
虛數了！

喂！
補考男！

優太！

有我在
你大可放心！

雅史學長！？

數學補考

叫我放心？學長不也是要補考嗎！

還一瞼洋洋得意！？

如果這次還考不過，就一起再努力一年吧！

哈哈哈

開門

真是不可靠的學長啊……

心跳

我叫冰室，是研究生。

教授另有急事，今日由我監考。

冰室小姐⋯⋯

是個大美女啊。

瞄

！

咦？她在看我嗎⋯⋯？

偷偷摸摸

從這裡可以看見答案⋯

⋯⋯

監考的冰室小姐⋯⋯

真是個美女啊！

啥！？你是說「數學女王」嗎？

那人剛剛作弊被抓到，被臭罵一頓。

我勸你還是別打她的主意。

序章 ● 愛（i）的開始　5

據說，自投羅網的結果是……
最後會被拖進數學地獄中，
永世不得超生喔……

呀，真想和
冰室小姐討論
愛情啊♥

我說話
你有沒有在聽？

關於 i（愛）
是嗎？
沒問題呀！

咦

冰室小姐！？

吸

我們走吧！

丟垃
圾

咦
咦

拖
行

拖
行

喉喉

真可憐啊…

數學系研究室
冰室研究室

喀啦

話說回來，
你也是要補考的人吧。

不對！
其實我不是想要
把話說得這麼難聽啊。

就這樣？那基本上
什麼也談不了。

$$i^2 = -1$$

憑你這種程度，
還想和我討論……

你還記得我呀！

咦？

哈哈

我就直話直說！請把虛數仔細

教我好嗎？

你竟敢來拜託人稱「數
學女王」的我，所以你
做好覺悟了嗎？

當然！

真是個怪人…

剛才你說，
人類透過想像力創造虛數，
那麼，到底爲什麼要創造虛數？

說的也是…從哪
裡說起才好呢？

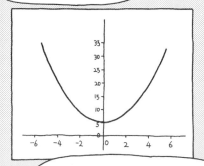

最少你還知道
二次方程式吧。

那麼，你還記得二次方程式是否
會出現沒有解的情況？這就是那
令人煩惱的圖。

看來…

若曲線和 x 軸並不相
交，x 就不會有解。

可是我不明白，
爲何這件事
會令人煩惱。

我在中學時，看見這圖之後，
就煩惱得連覺都睡不著啊！

沒有解的數，
是那裡不對啊…

鈣質攝取
不足嗎？

哈哈

可是，若用虛數，
就能令這種方程式
變成有解。

想通了吧！

這就是虛數的威力。

這、這～…

女王真的很厲害呢。

不過這個意義不大，
不要勉強同意。

序章 ● 愛（i）的開始　9

那麼再來一例，
你知道微分方程式嗎？

是的…
那個我認識。

你不會只懂
皮毛吧。

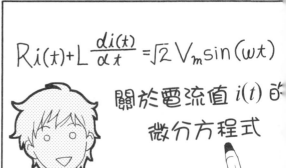

$$Ri(t) + L\frac{di(t)}{dt} = \sqrt{2}\,V_m\sin(\omega t)$$

關於電流值 $i(t)$ 的
微分方程式

還是算～了～吧

你已經醉了，
忠忠…

給我起來！

這方程式若沒有高深數學知識是解不
出來的，我們現在先來看結構就好。

此式若以虛數和複數來表示，

$$R\dot{I} + j\omega L\dot{I} = \dot{V}$$

計算電流值的代數方程式

$\dot{i}$ 和 $\dot{v}$ 是複數
j 是虛數

出神中…

先不管符號的意
義，只看結構。

只有加法和
乘法呢！

正是這樣。

麻煩的數學式，若以虛數和複
數表示，就能化繁爲簡。

$Ri(t)$

$$R\dot{I} + j\omega L\dot{I} = \dot{V}$$

給我變成簡單的
數學式！

虛

尤其是電壓、電流、電波和聲
音等波動的微分方程式。

原來如此，就是因爲這樣，虛數……

Imaginary Number 透過「想像」誕生了。

多虧冰室小姐，我終於明白虛數和複數的方便之處！

你還不懂怎樣使用，只是剛認識，這樣就滿足嗎？眞是沒辦法。

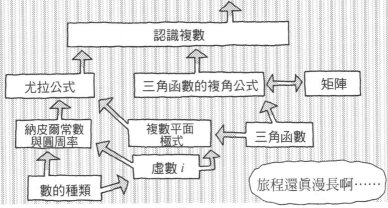

想要好好運用虛數，以下是本書的學習旅程。

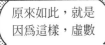

複數的學習旅程

複數在工學上的運用（在交流電路中，利用複數表示電壓 $\dot{v}$ 及電流 $\dot{i}$，以複數計算 $\dot{v}$ 與 $\dot{i}$ 的關係，可簡化求解）

認識複數

尤拉公式

三角函數的複角公式 ⟷ 矩陣

納皮爾常數與圓周率

複數平面極式

三角函數

虛數 i

數的種類

旅程還眞漫長啊……

那麼，我就帶你直搗虛數和複數的本質，你就覺悟吧！

遵、遵命！

話雖如此，今天時候不早了，明天下課再來吧。

唭，明天也要來？

不來也沒關係，我可是很忙的。

不！我絕對會來！

那麼明天見！

明天見……就算說了這些話，

他也是不會來的。

我說得太超過了嗎…。

還是忘掉吧。

第 1 章

數的種類

優太，你平安無事嘛！沒有被「數學女王」怎樣嗎？

原本想談關於愛的事，卻直接問我關於虛數 i 的事……不過，總算學到一些東西。

真意外，你和她合得來嗎？

外面流傳著恐怖的傳說，

若捲入女王的數學討論，便會石化，

這豈不是說，冰室小姐是妖怪？

我沒有胡說，你看，這就是證據。

什麼！那是老師的銅像啊！

對啊！連老師都是女王的犧牲者……

不對，老師還在啊！

頭痛

真是的……那麼今天就到此為止，我去繼續昨天的學習了。

在變成石頭之前，請好好加油啊！

數學系研究室

冰室研究室

舔舔

開門

午安～

你喜歡吃冰淇淋嗎？

你怎麼進來啦！

不是冰室小姐你叫我來嗎？

對不起……讓你困擾了，我這就回去。

可是我還有想問你的事。

算了吧，難得你來，就這樣回去不好。

來繼續昨天的題目吧。

明明我很高興，卻這樣說……

那麼，你想問的事是什麼？

虛數 i

只是一些很基本的問題。

昨天談的，我大致都明白，可是仔細想想，我卻沒辦法接受。

平方的意思，就是將一樣的數字相乘。

$$i^2 = -1$$

正確。

那麼數字是有分正負吧。

是正數和負數。

平方後會變成負數的數，我怎樣想都不應該出現。我是這樣認為的，

$$正數 \times 正數 = 正數$$
$$負數 \times 負數 = 正數$$
?

那是因為你將思考範圍侷限於實數。

實？ 數？

……

唉，我就從基礎中的基礎開始教你吧。

1. 數的種類

最初，人類發現的數是**自然數**

冰淇淋

冰淇淋

冰淇淋

■ **自然數和整數**

計算東西個數，就會用到自然數。

換言之，就是 1、2、3…。若數字只是有自然數，世上就會少很多麻煩。

冰淇淋

可沒有這回事。

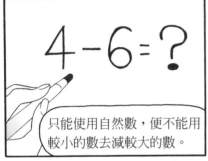

$$4 - 6 = ?$$

只能使用自然數，便不能用較小的數去減較大的數。

只可以 4＋6，卻不能 4－6，這太不合理了！

沒有負數的世界太不合理了！！

為了消解這個不合理的情況，人類發明了負數。

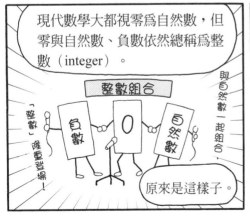

現代數學大都視零為自然數，但零與自然數、負數依然總稱為整數（integer）。

整數組合

負數　0　自然數

「整數」隆重登場！

與自然數一起組合

原來是這樣子。

「發明」也好，「擴張」也好，正因是人類創造數字，要怎樣操作也是由人類決定。

無論如何，為了要讓加法和減法得以合理進行，我們創造了整數。

■ 小數與分數

即使數字裡只有整數，乘法也不會有問題，你知道為什麼嗎？

讓我想想⋯

因為乘法是重覆的加法，

整數之間的乘法，也只會得到整數，對嗎？

答得蠻不錯嘛～

可是只有整數，除法便會出現問題。

例如，1÷3 會如何？

正因為無法整除，我們只能以分數 $\frac{1}{3}$ 或小數 0.333⋯

表示結果。我大概明白你因為不合理而煩惱的心情了。

！

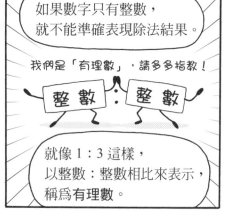

如果數字只有整數，就不能準確表現除法結果。

我們是「有理數」，請多多指教！

整數 : 整數

就像 1：3 這樣，以整數：整數相比來表示，稱為有理數。

還有一點。

像 0.333⋯這種無限循環的小數，稱為循環小數。

這個循環小數一定可以整數：整數的形式來表示。

在此證明從略，但循環小數必是有理數。

18

■ 無理數

不能表示成整數：整數，有這樣的數存在嗎？

好問題，那麼……

你可知道如何求得半徑 1 m 的圓形水池面積？

1 m

唔…因為圓面積是 πr^2，所以面積約為 3.14 m²。

只有兩位小數？我可以背出圓周率小數點後 20 位喔。

能背得出的人，每年都只有一個……

3.14159265358979323846264338327950

這個 π 的小數雖然無窮無盡，但它可不是循環小數。

所以，不能以整數比表示。

我們是無理數

π $\sqrt{2}$

除 π 之外，$\sqrt{2} = 1.41421356$ 也一樣，我們稱為無理數。

在這裡
稍作整理。

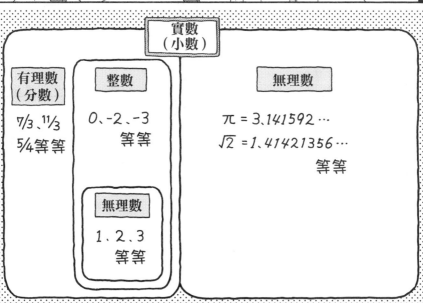

實數
（小數）

有理數
（分數）

7/3、11/3
5/4等等

整數

0、-2、-3
等等

無理數

1、2、3
等等

無理數

π = 3.141592…
√2 = 1.41421356…
等等

實數的種類

我們最早談到實數
的範圍，就是上圖
中的所有數。

對，

虛數並不包含於
實數中。

2. 二次方程式求解

現在要來說明，
何時需要用到虛數。

若正方形的面積是 2，
邊長是多少？

4. 解 $x^2 = 2$，得 $x = \pm\sqrt{2}$，
正方形的邊長不會是負數，

因此答案是 $\sqrt{2}$。

正確，厲害厲害。

完全感覺不到
你是真心讚美。

那麼，下一題。

一長方形土地，
一邊比另一邊長 5 m，
面積是 100 m²，
請求出邊長。

100 m²

5 m

試先建立方程式。

22

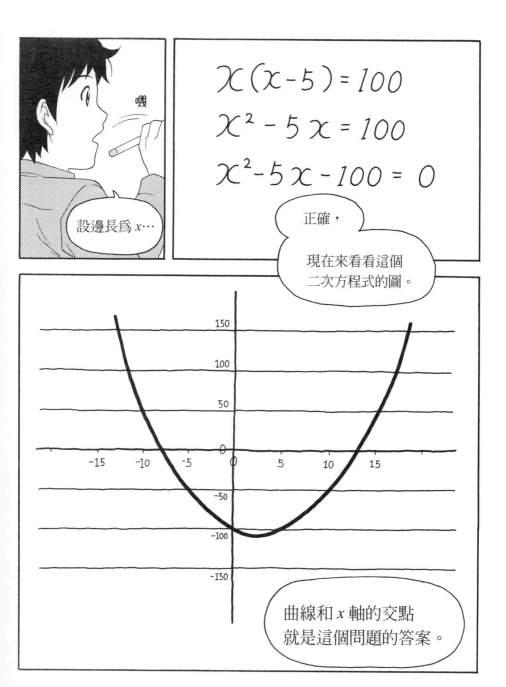

二次方程式
當 $ax^2 + bx + c = 0$ 時

$$x = \frac{-b \pm \sqrt{b^2 - 4ac}}{2a}$$

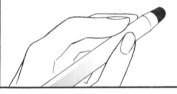

還記得二次方程式
求解公式嗎?

無論將任何數 a、b、c
代入這公式都能求出答案

我還記得分母
不可以是 0

但當 a 是 0 時
便不行了吧。

當 a 是 0 時,那就變成
一次方程式了!我在說
二次方程式!
不要去注意多餘的事!

對不起!

嗚嗚,
自找麻煩了……

那麼，用這公式計算出前面長方形土地問題的答案。

是
二次方程式
當 $ax^2+bx+c=0$ 的

$$x = \frac{-b \pm \sqrt{b^2-4ac}}{2a}$$

代入 $a=1$、$b=-5$　$c=-100$

$$x = \frac{-(-5) \pm \sqrt{(-5)^2 \, 4 \times 1 \times (-100)}}{2 \times 1} = \frac{5 \pm \sqrt{25+400}}{2} = \frac{5 \pm \sqrt{425}}{2} = \frac{5 \pm \sqrt{25 \times 17}}{2} = \frac{5 \pm 5\sqrt{17}}{2}$$

得 x 為 -7.808、12.808，可是

因為邊長不可能是負數，答案應該是 12.808。

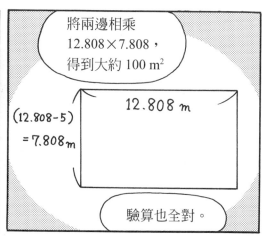

將兩邊相乘 12.808×7.808，得到大約 100 m²

12.808 m

$(12.808-5)$
$=7.808m$

驗算也全對。

快要進入正題了。

雖然這次的二次方程式有解，但是也會有無解的情況

這就是讓冰室小姐煩惱的東西吧。

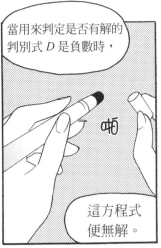

當用來判定是否有解的判別式 D 是負數時，

這方程式便無解。

當判別式 $D = b^2 - 4ac < 0$ 時，

方程式無解

D 乃 discriminant（判別）的首字母。D 在求解公式中以平方根出現，

這裡出現負數，意味會出現平方後會成為負數。

平方後會變成負數……

那就是說，虛數會在這裡出現囉！

不要心急

現在先來看看圖。

二次方程式的圖會隨 a 正負變化，而向下凹或向上凸。讓我畫出這兩種情形的圖。

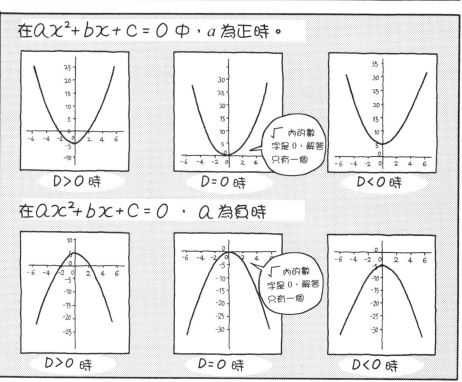

在 $ax^2 + bx + c = 0$ 中，a 為正時。

D>0 時

$\sqrt{}$ 內的數字是 0，解答只有一個

D=0 時

D<0 時

在 $ax^2 + bx + c = 0$，a 為負時

D>0 時

$\sqrt{}$ 內的數字是 0，解答只有一個

D=0 時

D<0 時

向下凹也好，向上凸也好，只要 $D<0$，圖就不會和 x 軸相交……

這就是無解的圖吧。

無解，到最後會變成怎樣？

3. 導入虛數 i，求解所有二次方程式

請問，負的面積
是否存在？

試考慮一正方形，
面積為 -2。

應該不存在吧，可是
仍能建立方程式。

所謂無解

$$x^2 = -2$$
$$x^2 + 2 = 0$$
按 $a=1, b=0, c=2,$

得判別式
$$D = b^2 - 4ac = 0^2 - 4 \times 1 \times 2 = -8$$

準確而言，是指在
實數範圍內無解。

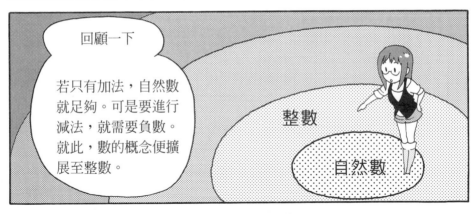

回顧一下

若只有加法，自然數
就足夠。可是要進行
減法，就需要負數。
就此，數的概念便擴
展至整數。

整數

自然數

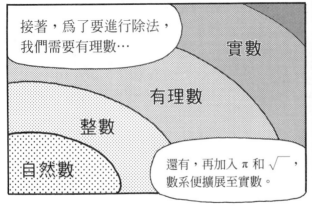

接著，為了要進行除法，
我們需要有理數…

實數

有理數

整數

自然數

還有，再加入 π 和 $\sqrt{}$，
數系便擴展至實數。

你準備好了嗎？
正題即將開始囉！

28

為了要解答所有二次方程式，就要繼續擴展數的概念。

因此人類必須想像平方之後會變成負數的數。

那就是 Imaginary Number，

虛數。

$$i^2 = -1$$

心動

……

你怎麼了？

不，沒有，沒事……

在實數中加入虛數，就是為了可以解開所有二次方程式。

正因 $i^2 = -1$，$i = \pm\sqrt{-1}$，所以，
只有當指定 $i = \sqrt{-1}$，才能設定 $-\sqrt{-1} = -i$。
因此，本書指定 $i = \sqrt{-1}$。

可是，我還是無法想像平方以後變成負數……

實數.

試考慮實數數線。

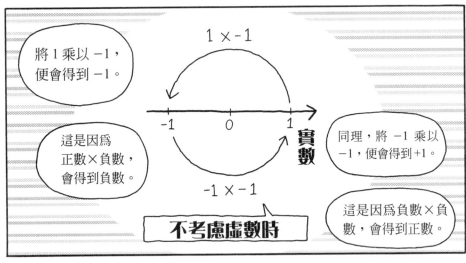

將 1 乘以 -1，便會得到 -1。

1×-1

這是因為正數×負數，會得到負數。

-1×-1

不考慮虛數時

同理，將 -1 乘以 -1，便會得到 $+1$。

這是因為負數×負數，會得到正數。

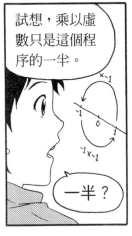

試想，乘以虛數只是這個程序的一半。

一半？

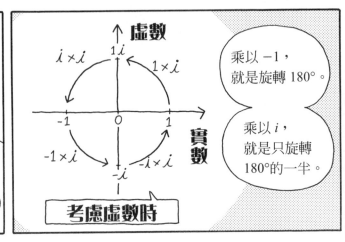

虛數

$i \times i$

$1 \times i$

$1i$

$-1 \times i$

$-i$

$-1 \times i$

實數

考慮虛數時

乘以 -1，就是旋轉 $180°$。

乘以 i，就是只旋轉 $180°$ 的一半。

這樣想像就行了！

覺得我好像可以掌握了。

怒指！

⁉

你在說什麼奇怪的東西？

轉 轉

一定要重視這個旋轉的想像。

旋轉…換言之，這就是週期現象，世間比比皆是。

波動、聲音、電磁波、交流電…

以前用數學式來表現這些現象，會非常麻煩。

可是若使用虛數，數學式便可化繁爲簡。

轉 轉

就是能讓問題變得容易解答。

虛數好像眞的很厲害…

咕嚕咕嚕嚕嚕嚕嚕…

不好意思…

那麼，今日就到此為止。

那、那個，

附近有一間美味的拉麵店，一起去好嗎？

我很忙，沒時間。

雖然我很餓，而且我也沒去過那個地方…

是這樣嗎…

給我等一下

Big!

給你是土產。

後面竟然有業務用冰箱！？

真的多謝你。

沐室研究所，
果然是
沐室…

話說回來，
我還不知道
你的名字。

我是

優太櫻井。

連續兩日來上
我的課，至今
只有你一人。

論文資料①

合上

幹得不錯，
優太。

料 ①

心

勤

雅史學長……
在某種意義上，
我真的石化了……

優太？
你怎麼了？

4. 二次方程式的應用

以下舉一個應用二次方程式的例子。某地以角度 θ 射出一球，求著地點。說明如下。如下圖所示，假設射球速度為 V_0。空氣阻力忽略不計。

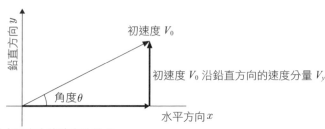

在鉛直方向中，設向上為正。射球之後，施加在球上的力，只有向下的重力加速度 g。因此，球在水平方向是在進行等速運動。倘若射球方向和水平方向成角度 θ，我們便能將初速度分解成「沿鉛直方向的速度分量」和「沿水平方向的速度分量」。此時要用三角函數。

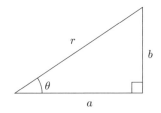

簡介一下三角函數。如上圖，三角形的右下角是直角，底邊長 a，對應的高是 b。由畢氏定理可得，斜邊長 $r=\sqrt{a^2+b^2}$。基於相似三角形的條件「兩組角度相等」，兩個直角三角形除直角外，如有另一對角角度相等，兩者便為相似三角形。由於是相似三角形，對應邊的邊長比會相等。

因此可寫出此題三角函數如下。無論是用函數代入任何角度的數字，還是用算出來的邊長比反過來推算角度，兩個都可以。

$$\cos\theta = \frac{a}{r} = \frac{a}{\sqrt{a^2+b^2}}, \quad \sin\theta = \frac{b}{r} = \frac{b}{\sqrt{a^2+b^2}}, \quad \tan\theta = \frac{b}{a} = \frac{\sin\theta}{\cos\theta}$$

cos 讀作 cosine（餘弦），sin 讀作 sine（正弦），tan 讀作 tangent（正切）。

時常聽到學生因為在高中學到三角函數，而開始討厭數學，但是在工程學中經常要處理週期現象，所以無論如何，都要好好學習三角函數。

那麼，現在利用三角函數，將射球方向和水平方向成角度 θ 的初速度 V_0，分解成「沿鉛直方向的速度分量 V_y」和「沿水平方向的速度分量 V_x」。假設時間是 t，分解如下。

$$V_y = -gt + V_0 \sin \theta$$

$$V_x = V_0 \cos \theta$$

分別對時間 t 積分，求得沿 y 方向及 x 方向的位置。

$$y = -\frac{1}{2} gt^2 + V_0 (\sin \theta) t + y_0$$

$$x = V_0 (\cos \theta) t + x_0$$

於時間 $t = 0$ 時，x_0 和 y_0 分別是沿 x 方向（水平方向）及 y 方向（鉛直方向）位置的值，稱為初始值。設初速 V_0 為 30 m/s（時速 108 km/h），$\theta = 30$ 度，$x_0 = 0$，$y_0 = 10$ m，求著地點。這個例題，就是於高度為 10 m，以朝水平 30 度方向射球。為求著地點，假設著地點的 $y = 0$ m，取重力加速度 $g = 9.8$ m/s²，代進主項為 y 的數學式：

$$0 = -\frac{1}{2} \times 9.8 \times t^2 + 30 (\sin 30°) t + 10$$

$$0 = -4.9t^2 + 30 \times \frac{1}{2} t + 10$$

$$0 = -4.9t^2 + 15t + 10$$

對上式採用求解公式，求得著地時間 t。

$$t = \frac{-15 \pm \sqrt{15^2 - 4 \times (-4.9) \times 10}}{2 \times (-4.9)}$$

$$= \frac{15 \pm \sqrt{225 + 196}}{-9.8}$$

$$= \frac{-15 \pm 20.52}{-9.8}$$

$$= -0.56, \ 3.62$$

由於時間為負數，並不切合題目，因此我們可以確定著地時間是 3.62 秒以後。因此，在 $x-V_0(\cos\theta)t+x_0$ 中，代入 $V_0=30$，$\theta=30$ 度，$t=3.62$，$x_0=0$。

$$
\begin{aligned}
x &= V_0(\cos\theta)t+x_0 \\
&= 30\times(\cos 30°)\times 3.62+0 \\
&= 30\times\frac{\sqrt{3}}{2}\times 3.62 \\
&= 94.05
\end{aligned}
$$

由此得知，球會在離投射點 94.05 m 處著地。

世上存在許多週期現象，如交流電壓和電流、電波、聲音等。若要用數學表達這些週期現象，三角函數是非常方便的道具。想要進入理工科系的高中生，不論是否喜歡三角函數，請多加練習。至於現正就讀大學理工科系的學生，若未能熟練應用三角函數，務必好好用功。

5. 推導二次方程式求解公式

這裡要介紹二次方程式求解公式的推導方法。

先在 $ax^2+bx+c=0$ 兩邊同除以 a。這裡必需先確定 a 不可等於 0 這個條件。在數學的世界，是不容許除以 0 的。因為任何數乘以 0 都會等於 0，縱使將 3 除以 0 後再乘以 0，$\frac{3}{0}\times 0=3$ 還是 0，但數學不容許這種曖昧的運算。因此，我們將算式變形為 $x^2+\frac{b}{a}x+\frac{c}{a}=0$，為括號外產生平方，將 $\frac{c}{a}$ 項移往等號右邊，兩邊再同時加上 x 的係數 $\frac{b}{a}$ 一半的平方，即 $\left(\frac{b}{2a}\right)^2$。

$$
x^2+\frac{b}{a}x+\left(\frac{b}{2a}\right)^2=\left(\frac{b}{2a}\right)^2-\frac{c}{a}
$$

在此，利用公式 $(x+a)^2=x^2+2ax+a^2$，上式變成

$$\left(x + \frac{b}{2a}\right)^2 = \left(\frac{b}{2a}\right)^2 - \frac{c}{a}$$

等號左邊括號內的數平方後，會等於等號右邊的數，就此我們可以對兩邊取平方根，可是要注意，負數平方後會變成正數，

得出
$$x + \frac{b}{2a} = \pm\sqrt{\left(\frac{b}{2a}\right)^2 - \frac{c}{a}}$$

$$x = -\frac{b}{2a} \pm \sqrt{\left(\frac{b}{2a}\right)^2 - \frac{c}{a}}$$

$$= -\frac{b}{2a} \pm \sqrt{\frac{b^2}{4a^2} - \frac{c}{a}}$$

$$= -\frac{b}{2a} \pm \sqrt{\frac{b^2 - 4ac}{4a^2}}$$

$$= -\frac{b}{2a} \pm \frac{1}{2a}\sqrt{b^2 - 4ac}$$

$$= \frac{-b \pm \sqrt{b^2 - 4ac}}{2a}$$

就此求得二次方程式求解公式。即使忘記求解公式，也可以用這個方法推導出來。

此外，倘若 b 是偶數，只要令 $b' = \frac{b}{2}$，即 $b = 2b'$，就會變成

$$x = \frac{-2b' \pm \sqrt{(2b')^2 - 4ac}}{2a}$$

$$= \frac{-2b' \pm \sqrt{4b'^2 - 4ac}}{2a}$$

$$= \frac{-2b' \pm 2\sqrt{b'^2 - ac}}{2a}$$

$$= \frac{-b' \pm \sqrt{b'^2 - ac}}{a}$$

可方便運算。

6. 平方根的筆算法

在前面求長方形土地邊長的問題中，其中一邊比另一邊長 5 m，面積是 100 m²，解答裡面有一個 $\sqrt{17}$。現在說明不用計算機，馬上就可以知道 $\sqrt{17}$ 答案的筆算法。

① 將根號內的數字以小數點爲基準，以兩個小數位爲一組分隔。

以 $\sqrt{17}$ 爲例，想成 17 00 00 00。

② 以兩個爲一組的數字中，求取最左的一組數字的最大整數平方根。

由於 $5^2 = 25$，$4^2 = 16$，以不超過 17 的情況下，最大平方根是 4。如下式般將 4 寫在 17 上方，而在左側上下均寫上 4。

③ 將 $4 \times 4 = 16$ 寫在 17 的下方，並算出 $17 - 16 = 1$，寫在 16 的下方。

算出 $4 + 4 = 8$，寫在 4 的下方。

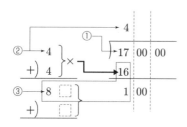

④ 在 17 − 16＝1 的等號右邊，加上兩個小數位，變成 100。

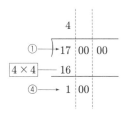

⑤ 在 8□×□中求不超過 100 的整數值□。例如□是 8②×②＝164， 超過 100，因此□為 1。在上方平方根的部份，對準小數位，填 1。

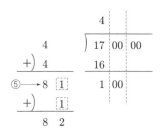

⑥ 將 8①×①＝81 寫在 100 下方，並計算減法，寫下結果 19。在等號左邊寫 8①＋①＝82。

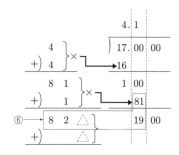

⑦ 在等號右邊 19 加兩個小數位，變成 1900。在 82△×△中求不超過 1900 的整數值△，寫進△中。822×2＝1644，823×3＝2469，因此在 △中填 2。 在上面平方根的部份記下 2，變成 4.12。

⑧ 將 822×2＝1644 寫在 1900 下方。在等號左邊寫上 822＋2＝824。

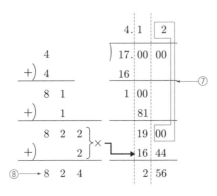

接著重覆這些步驟即可。

以下是用相同方法算出 $\sqrt{1996}$ 的結果。

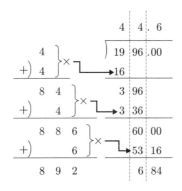

40

第 **2** 章

用虛數 i 擴充為複數

$$a + bi$$

今天的數學
教什麼好呢？

怎麼還沒有
來…

開門

午安

你遲到了！

明明是很高興
的說…

對不起…

嗯？
那是什麼

為了答謝昨天的
冰淇淋，我買了花…

因為去買花，
所以遲到了。

竟然為這樣的理由
而上課遲到…

太超過了！
說得太超過了

對…不起…

每個女生
都喜歡花喔！

雅史學長的建議
不管用啊！

給我喝掉。

爲這裡沒有花瓶。

懲罰遊戲！？

味道怎樣？

是奇妙的味道⋯ 呼

眞的嗎？
那很好喝吧。

不舒服⋯

對身體有益啊。

我每天都喝喔。

嘩

那麼我們開始吧，繼續昨天的課。

咕嚕咕嚕咕嚕

冰室小姐喝就好，那我就不必了⋯

1. 複數的擴充

$$i = \sqrt{-1}$$

由於虛數 i 的「想像」，我們可對任何二次方程式求解，昨天我們談到這裡。

就是要創造並非實數的數。

$i = \sqrt{-1}$

這次會說明，如何操作由實數和虛數組合起來的數。

實數 Real number
虛數 Imaginary number

實數的英文是 Real Number，正如其名，是「真實的數」。

若對實數加減一個想像的數，亦即虛數，

會變成怎樣？

$$2 + i = ?$$

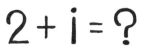

舉例說，實數 2 和 i 相加，會變成怎樣？

對真實的實數，加上想像的虛數，會變成怎樣…

唔… 數學式完全不能運算下去啊。

正是如此，

所以，2 和 i 的加法，結果是保留所有數學記號以 $2+i$ 表示。

$2+i$

$3-i$

減法也一樣，若要將 3 減去 i，會以 $3-i$ 表示。

原來如此。

接著是乘法。

$$3 \times i = 3i$$

這是在表達有多少 i 的意思，三個 i 以 $3i$ 表示，四個 i 則以 $4i$ 表示。

除法也一樣，i 的一半就是 $\frac{1}{2}i$。

這個還容易想像。

2 + i
複數
complex number

以實數＋虛數形式
寫成的數，稱爲複數
（Complex Number）。

意思就是由實數
和虛數組成的數
（complex＝複合，
合成）。

2 + i
實部 + 虛部

實數部分稱爲
實部（Real part），
虛數的部分，
i 前面的數字稱爲
虛部（Imaginary part）。

在 $2+i$ 中，
實部就是 2，
虛部是 1。

那麼，$-7-2i$ 的
實部和虛部是什麼？

唔，實部是 -7，
虛部是 -2。

正確。

我們已確立
複數的寫法。

接著，讓我們嘗試用圖來表現複數。

複數可以用圖來描繪嗎！？

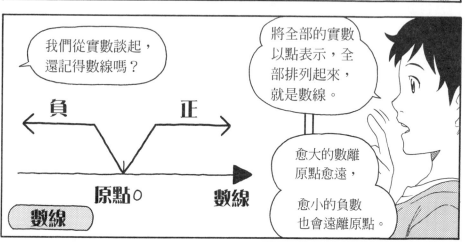

我們從實數談起，還記得數線嗎？

將全部的實數以點表示，全部排列起來，就是數線。

負　正

原點0　數線

數線

愈大的數離原點愈遠，

愈小的負數也會遠離原點。

因為虛數不是實數，所以不會存在於這條數線上。

因此，為表示虛數，在圖中加上縱軸，將直線擴充成平面。

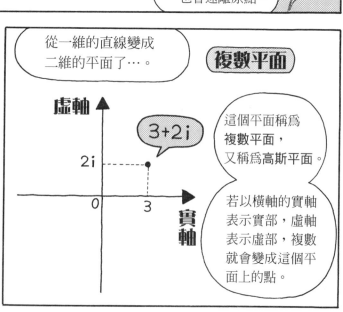

從一維的直線變成二維的平面了…。

複數平面

虛軸

3+2i

2i

0　3

實軸

這個平面稱為複數平面，又稱為高斯平面。

若以橫軸的實軸表示實部，虛軸表示虛部，複數就會變成這個平面上的點。

若虛部為0，就會變成實軸上的點；若實部是0，就會變成虛軸上的點。

任何複數都能想像成在複數平面某處的點，我安心多了。

為了避免迷路，在地圖標示出所在地。

你能把複數的大小，想像成與原點的距離嗎？

當然可以。

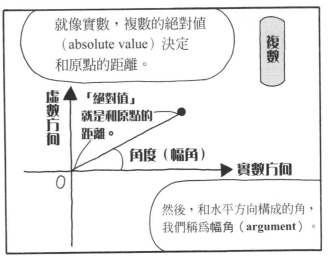

就像實數，複數的絕對值（absolute value）決定和原點的距離。

複數

「絕對值」就是和原點的距離。

角度（幅角）

虛數方向

實數方向

0

然後，和水平方向構成的角，我們稱為幅角（argument）。

這個和向量很像呢。

看來你很認識向量喔。

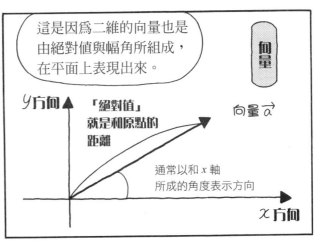

這是因為二維的向量也是由絕對值與幅角所組成，在平面上表現出來。

向量

y方向

「絕對值」就是和原點的距離

向量 $\vec{a}$

通常以和 x 軸所成的角度表示方向

x 方向

那麼，你可以計算複數的絕對值和幅角嗎。

你懂向量，所以應該很簡單。

向量我也完全不懂！

和虛數一樣！

如我所料。

那麼，先來設定一些符號。

被看穿了

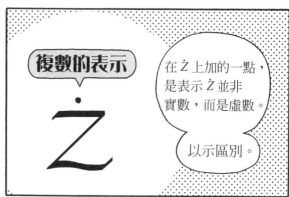

複數的表示

$\dot{z}$

在 $\dot{z}$ 上加的一點，是表示 $\dot{z}$ 並非實數，而是虛數。

以示區別。

$Re(\dot{z})$ 或 $\mathcal{R}(\dot{z})$

表示複數 $\dot{z}$ 的實部

R 是實數 Real Number 的首字母。

$Im(\dot{z})$ 或 $\mathcal{I}(\dot{z})$

表示複數 $\dot{z}$ 的虛部

I 是虛數 Imaginary Number 的首字母。

接著說明複數絕對值和幅角的求法。

■ 複數絕對值的求法

 複數 $\dot{Z}$ 的絕對值，以 $|\dot{Z}|$ 表示。

$$\left|\dot{Z}\right| = \sqrt{實部^2 + 虛部^2} = \sqrt{\left\{\mathrm{Re}\left(\dot{Z}\right)\right\}^2 + \left\{\mathrm{Im}\left(\dot{Z}\right)\right\}^2}$$

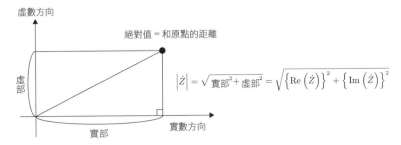

 因為複數的絕對值表示和原點的距離……所以就是直角三角形的斜邊邊長。可以用畢氏定理求出。

■ 幅角求法

 複數 $\dot{Z}$ 的幅角，以 $\angle \dot{Z}$ 表示。

$$\angle \dot{Z} = \tan^{-1}\left(\frac{虛部}{實部}\right) = \tan^{-1}\left(\frac{\mathrm{Im}\left(\dot{Z}\right)}{\mathrm{Re}\left(\dot{Z}\right)}\right)$$

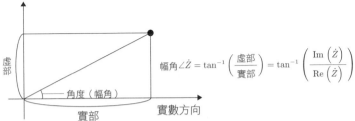

 tan 上方的指數 -1，是從哪裡來的？

 $\tan^{-1}$ 是 arc tangent（**反正切**）啊。

…惡的坦僧？

那是 tan（tangent）的反函數！

反函數？

看來你不懂，沒辦法，還是先複習一下。

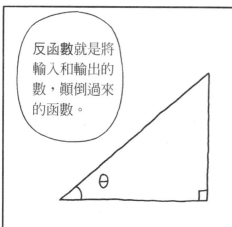

反函數就是將輸入和輸出的數，顛倒過來的函數。

例如 $\tan\theta = x$ 是從角度 θ 透過 tan 去求數值 x 的函數，

它的反函數 $\tan^{-1}x = \theta$ 則剛好顛倒，是從 x 去求 θ 的函數。

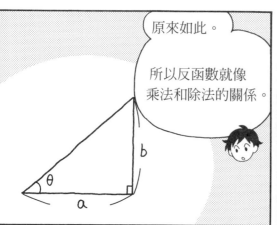

原來如此。

所以反函數就像乘法和除法的關係。

你還記得 $\tan\theta = \dfrac{b}{a}$ 嗎？

我還記得以前學過……

暗黑…

在這裡會用到，所以給我好好記住，不要忘掉！

那麼，試計算以下實例。

複數 $3 + 2i$…

還有，雖然普通計算機不能計算 $\tan^{-1}$，但是函數計算機有這項功能。

我們可以善加應用。

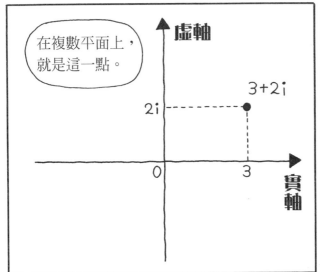

在複數平面上，就是這一點。

虛軸

$3+2i$

$2i$

0

3

實軸

試求它的絕對值與幅角。

唔…首先是絕對值，

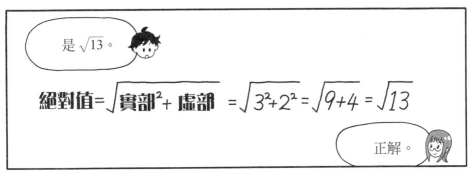

是 $\sqrt{13}$。

$$\text{絕對值} = \sqrt{\text{實部}^2 + \text{虛部}^2} = \sqrt{3^2 + 2^2} = \sqrt{9+4} = \sqrt{13}$$

正解。

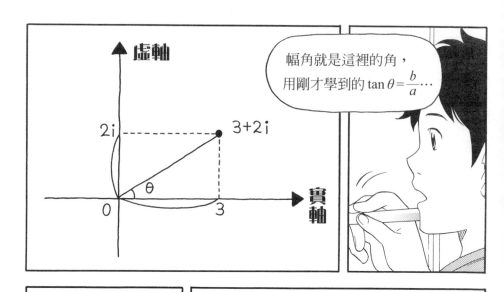

幅角就是這裡的角，
用剛才學到的 $\tan \theta = \dfrac{b}{a}$…

$$\tan\theta = \frac{b}{a}$$

反函數就是
反正切。

$$\theta = \tan^{-1} \frac{b}{a}$$

$$\textbf{幅角} = \tan^{-1}\left(\frac{\textbf{虛部}}{\textbf{實部}}\right) = \tan^{-1}\left(\frac{2}{3}\right) = 33.69 \textbf{ 度}$$

用函數計算機計算，
得 33.69 度。

總算
求出來了。

答對了嗎？

$$\textbf{幅角} = \tan^{-1}\left(\frac{\textbf{虛部}}{\textbf{實部}}\right) = \tan^{-1}\left(\frac{2}{3}\right) = 33.69 = 0.588 \textbf{ 度}$$

這是以 radian（弧度）
表示的結果。

54

為什麼要用
radian 來表示？

那是阿拉了。

radian（弧度）是一種角度的單位。

這方法是以弧長來表示角度。

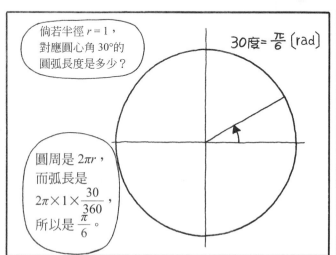

倘若半徑 $r = 1$，
對應圓心角 30°的
圓弧長度是多少？

30度= $\frac{\pi}{6}$〔rad〕

圓周是 $2\pi r$，
而弧長是
$2\pi \times 1 \times \frac{30}{360}$，
所以是
$\frac{\pi}{6}$。

所以 30 度
會變成 $\frac{\pi}{6}$ 弧度。

弧度
"
rad

接下來若以弧度
表示角度大小，
會標明 rad，以
茲區別。

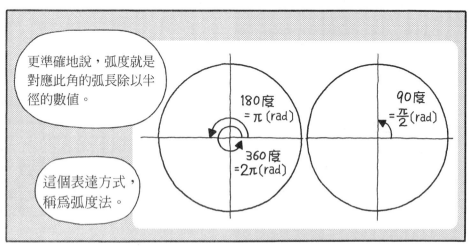

更準確地說，弧度就是
對應此角的弧長除以半
徑的數值。

180度
= π〔rad〕

360度
= 2π〔rad〕

90度
= $\frac{\pi}{2}$〔rad〕

這個表達方式，
稱為弧度法。

為什麼要剎有介事地用這麼麻煩的寫法呢？

畫圓真的很麻煩…

用弧度法有很多方便之處啊！

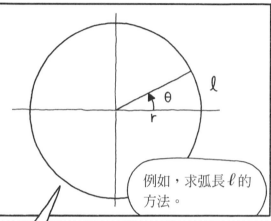

例如，求弧長 ℓ 的方法。

當角度和半徑都是1時，弧長也同樣是1，於是，

$$弧長\ \ell = \theta r$$

能消去 π，公式便會簡化。

同樣地，由於圓面積是 πr^2，

就會變成這樣。

$$扇形面積\ \frac{\theta}{2\pi}\pi r^2 = \frac{1}{2}\theta r^2 = \frac{1}{2}\ell r$$

這個也會簡化。

而360度是 2π，半圓面積是 $\frac{1}{2}\pi r^2$，

除此以外，在三角函數中，使用弧度法會很方便。

從現在開始，請慢慢習慣吧。

好

接著要說明複數的四則運算。

懂得求絕對值與幅角之後，

啊一

真是令人期待啊。

那不是理所當然的嗎！

對任何數，本來就會想試試加法、減法、乘法和除法啊！

冰室小姐真的很喜歡數學呢…

前面提過，實部和虛部之間不能進行加法和減法，可是，

實部之間，以及虛部之間，則可以進行四則運算，

先聲明一下，這裡的 $\dot{z_1}$ 和 $\dot{z_2}$ 是兩個不同的數。

$$\dot{z_1} = a_1 + b_1 i$$
$$\dot{z_2} = a_2 + b_2 i$$

接下來就算是相同的符號，只要下標字不同，指的就是不同的數。

明白！

接下來就一口氣來說明吧。

加法符合交換律（$\dot{Z}_1 + \dot{Z}_2 = \dot{Z}_2 + \dot{Z}_1$）。

加法
$$\dot{Z}_1 + \dot{Z}_2 = (a_1 + b_1 i) + (a_2 + b_2 i) = a_1 + a_2 + b_1 i + b_2 i = a_1 + a_2 + (b_1 + b_2)\, i$$

 減法卻不符合交換律。換言之，$\dot{Z}_1 - \dot{Z}_2 \neq \dot{Z}_2 - \dot{Z}_1$。

減法
$$\dot{Z}_1 - \dot{Z}_2 = (a_1 + b_1 i) - (a_2 + b_2 i) = a_1 - a_2 + b_1 i - b_2 i = a_1 - a_2 + (b_1 - b_2)\, i$$

 在乘法中使用分配律時，可利用 $i^2 = -1$ 代入。

乘法
$$
\begin{aligned}
\dot{Z}_1 \times \dot{Z}_2 \;&=\; (a_1 + b_1 i) \times (a_2 + b_2 i) \;=\; a_1 a_2 + a_1 b_2 i + b_1 a_2 i + b_1 i b_2 i \\
&=\; a_1 a_2 + b_1 b_2 i^2 + a_1 b_2 i + b_1 a_2 i \;=\; a_1 a_2 - b_1 b_2 + (a_1 b_2 + b_1 a_2)\, i
\end{aligned}
$$

 除法有點麻煩，但只要對分數的分子和分母，一起乘以相同的數，就能將分母消去虛數，簡化除法運算。

除法
$$
\begin{aligned}
\frac{\dot{Z}_1}{\dot{Z}_2} \;&=\; \frac{a_1 + b_1 i}{a_2 + b_2 i} = \frac{a_1 + b_1 i}{a_2 + b_2 i} \times \frac{a_2 - b_2 i}{a_2 - b_2 i} \\[2mm]
&=\; \frac{a_1 a_2 - a_1 b_2 i + b_1 a_2 i - b_1 b_2 i^2}{a_2^2 - a_2 b_2 i + b_2 a_2 i - b_2^2 i^2} \\[2mm]
&=\; \frac{a_1 a_2 + (b_1 a_2 - a_1 b_2)\, i + b_1 b_2}{a_2^2 + (-a_2 b_2 + a_2 b_2)\, i + b_2^2} \\[2mm]
&=\; \frac{a_1 a_2 + b_1 b_2 + (b_1 a_2 - a_1 b_2)\, i}{a_2^2 + b_2^2} \\[2mm]
&=\; \frac{a_1 a_2 + b_1 b_2}{a_2^2 + b_2^2} + \frac{b_1 a_2 - a_1 b_2}{a_2^2 + b_2^2}\, i
\end{aligned}
$$

分母和分子所乘的 $a_2 - b_2i$ 是怎樣得來的？

 這是將分母虛部的符號反轉（＋變成 －，－變成 ＋）所得到的複數，這樣就能將分母消去虛部。

 好，我們來實際練習。以 $\dot{Z}_1 = 1 + 2i$ 和 $\dot{Z}_2 = 3 + 4i$，請試做四則運算。

 遵、遵命！

加法：$\dot{Z}_1 + \dot{Z}_2 = (1 + 2i) + (3 + 4i) = 1 + 3 + 2i + 4i = 4 + 6i$

減法：$\dot{Z}_1 - \dot{Z}_2 = (1 + 2i) - (3 + 4i) = 1 - 3 + 2i - 4i = -2 - 2i$

乘法：$\dot{Z}_1 \times \dot{Z}_2 = (1 + 2i) \times (3 + 4i) = 1 \times 3 + 1 \times 4i + 2i \times 3 + 2i \times 4i = 3 - 8 + (4 + 6)i = -5 + 10i$

除法：
$$\frac{\dot{Z}_1}{\dot{Z}_2} = \frac{1 + 2i}{3 + 4i}$$
$$= \frac{1 + 2i}{3 + 4i} \times \frac{3 - 4i}{3 - 4i}$$
$$= \frac{1 \times 3 - 1 \times 4i + 2i \times 3 - 2i \times 4i}{3^2 - 3 \times 4i + 4i \times 3 + 4^2i^2}$$
$$= \frac{3 + (6 - 4)i - 8i^2}{9 + (-12 + 12)i + 16}$$
$$= \frac{3 + 8 + 2i}{9 + 16}$$
$$= \frac{11}{25} + \frac{2}{25}i$$

4.在複數平面，描繪複數的四則運算

我知道你會不高興，但還是想問。

什麼是交換律和分配律？

交換律是指

對不起！

喵

吼吼

連這些都不懂嗎！？

就像加法和乘法，交換在數學記號前後的數字，仍能得出相同的運算結果。

就是 $a+b=b+a$ 和 $a×b=b×a$ 啊！！

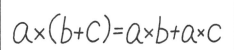

$$a×(b+c)=a×b+a×c$$

這就是分配律。

原來如此，我現在完全明白了。

傷腦筋…

那麼，接下來，試在複數平面上描繪複數的四則運算。

能畫圖，就容易理解了！

畫圖是非常重要的。

你好像很懂哦。

有請。

我就知道會變成這樣。

60

加法：$\dot{Z}_1 + \dot{Z}_2 = (1+2i) + (3+4i) = 1+3+2i+4i = 4+6i$

所謂對 $1+2i$ 加上 $3+4i$，就是從 $1+2i$ 出發，沿實軸往正的方向移動 3 格，再沿虛軸往正的方向移動 4 格，結果出現答案 $4+6i$。

接著考慮 $\dot{Z}_2 + \dot{Z}_1$，亦即對 $3+4i$ 加上 $1+2i$。從起點 $3+4i$ 沿實軸往正的方向移動 1 格，再沿虛軸往正的方向移動 2 格，結果也是抵達 $4+6i$，證明符合交換律。

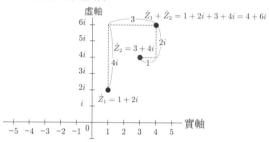

用圖來輔助思考，果然容易明白啊！

減法：$\dot{Z}_1 - \dot{Z}_2 = (1+2i) - (3+4i) = 1-3+2i-4i = -2-2i$

接著是減法。從 $1+2i$ 減去 $3+4i$ 的減法，就是從 $1+2i$ 出發，沿實軸往負的方向移動 3 格，再沿虛軸往負的方向移動 4 格，變成 $-2-2i$，

也可以想想對 $-3-4i$ 加上 $1+2i$ 的情況。在這情況下，是從 $-3-4i$ 沿實軸往正的方向移動 1 格，再沿虛軸往正的方向移動 2 格，變成 $-2-2i$，

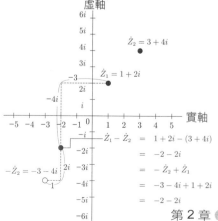

乘法：$\dot{Z}_1 \times \dot{Z}_2 = (1+2i) \times (3+4i) = 1 \times 3 + 1 \times 4i + 2i \times 3 + 2i \times 4i = 3 - 8 + (4+6)i = -5 + 10i$

 乘法並不能像加法和減法一般，以沿實軸或虛軸往正或負的方向移動來表示。那就只按 $1+2i$ 乘以 $3+4i$ 的結果 $-5+10i$，在實軸負數方向的 -5，及虛軸負數方向的 $10i$，將結果表示出來。

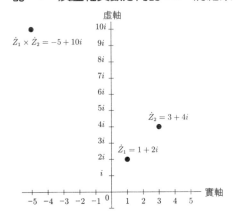

 是因為 $i^2 = -1$，那些數都不知飛到哪裡去嗎？

除法：$\begin{aligned}\dfrac{\dot{Z}_1}{\dot{Z}_2} &= \dfrac{1+2i}{3+4i} = \dfrac{1+2i}{3+4i} \times \dfrac{3-4i}{3-4i} = \dfrac{1 \times 3 - 1 \times 4i + 2i \times 3 - 2i \times 4i}{3^2 - 3 \times 4i + 4i \times 3 + 4^2 i^2} \\ &= \dfrac{3 + (6-4)i - 8i^2}{9 + (-12+12)i + 16} = \dfrac{3 + 8 + 2i}{9 + 16} \\ &= \dfrac{11}{25} + \dfrac{2}{25} i\end{aligned}$

 除法和乘法相同，按照 $\dfrac{\dot{Z}_1}{\dot{Z}_2} = \dfrac{11}{25} + \dfrac{2}{25}i$ 的計算結果，在實軸的 $\dfrac{11}{25}$，及虛軸的 $\dfrac{2}{25}i$，將結果表示出來。

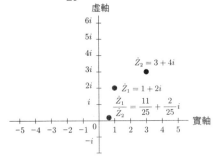

終、終於完畢

四則運算的結果在複數平面的變化，我完全明白了。

複數的乘法和除法比較複雜吧。

可是，若利用極座標系統，運算便會變得簡單。

為什麼不先告訴我！

不要急，要用極座標系統，還需要一些準備功夫。

數學需要不斷的累積。

5. 共軛複數

進行除法時，是有技巧的。

唔…

也就是說，為了將分母的 i 消去，分母和分子都要乘以相同的複數。

$$\frac{\dot{z}_1}{\dot{z}_2} = \frac{a_1 + b_1 i}{a_2 + b_2 i} = \frac{a_1 + b_1 i}{a_2 + b_2 i} \times \frac{a_2 - b_2 i}{a_2 - b_2 i} = \frac{a_1 a_2 + b_1 b_2 + (b_1 a_2 - a_1 b_2)i}{a_2^2 + b_2^2}$$

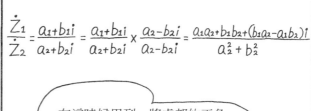

在這時候用到，將虛部的正負反轉（＋變成－，－變成＋）所得到的複數，稱為共軛複數。

$\dot{Z}=3+4i$ $\overline{Z}=3-4i$

共軛複數

> $\dot{Z}$ 的共軛複數是以 $\dot{Z}$ 或 $\dot{Z}*$ 來表示。

> 點上面還要加線喔？

> 複數 $\dot{Z}$ 與其共軛複數 $\overline{Z}$ 的絕對值雖相同，但幅角卻不同。

> 先看看兩者的絕對值。

> 絕對值是以 $|\dot{Z}|$ 來表示。

$\dot{Z}=3+4i$ $\overline{Z}=3-4i$

共軛複數

$$|\dot{Z}| = \sqrt{3^2+4^2} = \sqrt{9+16} = \sqrt{25} = 5$$

> 接著是共軛複數的絕對值。

$$|\overline{Z}| = \sqrt{3^2+4^2} = \sqrt{9+16} = \sqrt{25} = 5$$

> 兩者的絕對值都一樣呢。

接著試計算幅角。

幅角以 $\angle \dot{Z}$ 來表示。

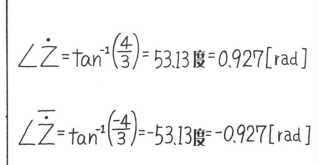

$$\angle \dot{Z} = \tan^{-1}\left(\frac{4}{3}\right) = 53.13 度 = 0.927\,[\text{rad}]$$

$$\angle \overline{\dot{Z}} = \tan^{-1}\left(\frac{-4}{3}\right) = -53.13 度 = -0.927\,[\text{rad}]$$

算出來了！

滴

這就是共軛複數的幅角。

看來只是正負不一樣啊。

虧你還能看得出來呢。

任何複數的絕對值，皆與其共軛複數的絕對值相等。

而幅角正負符號則相反。

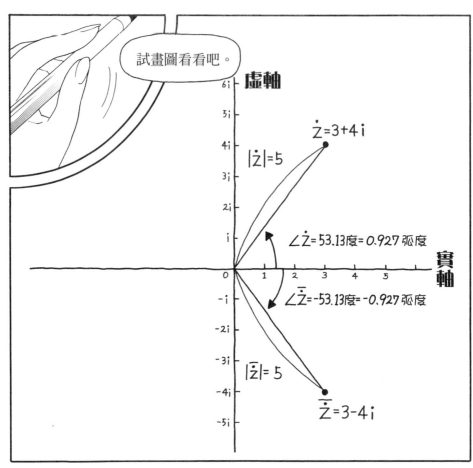

就像在除法用到的技巧，共軛複數乘以原本的複數必定會變回實數。

其結果的絕對值，會是原本複數的絕對值平方。

那麼我來驗證看看。

$$\dot{z} \times \overline{z} = (3+4i) \times (3-4i) = 3^2 - 3 \times 4i + 4i \times 3 - 4i \times 4i = 9 - 16i^2 = 9 + 16 = 25$$

原本的絕對值是 5。

的確是平方啊！

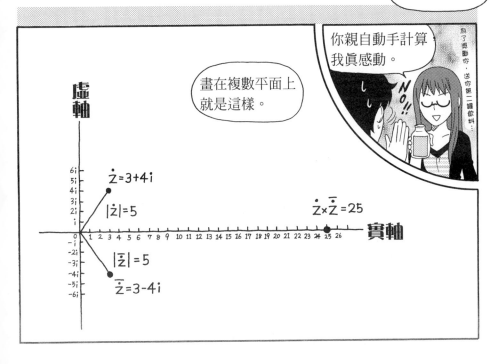

畫在複數平面上就是這樣。

你親自動手計算我真感動。

在除法中使用的技巧，

分母乘以共軛複數，稱為分母的有理化。

分母×共軛複數＝實數 ➜ 分母的有理化

尤─利…無尾熊一定很喜歡。

不是尤加利，是有理化。

再這樣，我真的生氣了。

是…

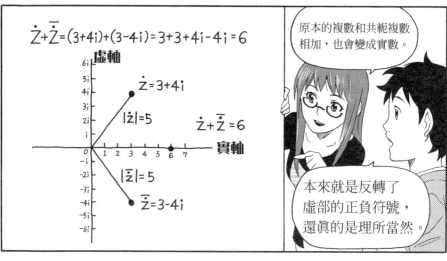

$$\dot{Z}+\overline{Z}=(3+4i)+(3-4i)=3+3+4i-4i=6$$

虛軸

$\dot{Z}=3+4i$

$|\dot{Z}|=5$

$\dot{Z}+\overline{Z}=6$

實軸

$|\overline{Z}|=5$

$\overline{Z}=3-4i$

原本的複數和共軛複數相加，也會變成實數。

本來就是反轉了虛部的正負符號，還真的是理所當然。

為了進行複數的運算，以後會用到共軛複數，要好好搞懂啊！

我知道了！

今天到此為止

沙

咕嚕咕嚕

（你也喝嗎？）

（不用了）

我們講得還不是普通的多，真是口渴。

你閱讀的書籍還真是深奧呢。

冰室小姐的名字是愛嗎？

真是個好名字。

論文資料
虛數篇③ 冰室愛

是嗎？我覺得很討厭。

是沒有內涵的名字。

嗯？

不是這樣的吧。

那麼，什麼是「愛」？

雖然我不太明白…
我想那是指關懷、
珍惜。

「愛」的定義是
什麼？

明明大家都不知道，
只是爲了迎合氣氛而說。

愛是意義空虛的字。

和虛數的 i
差遠了。

冰室小姐…

你回去吧。

我累了。

冰室小姐…究竟是
怎麼回事？

【Ⅰ】試將下列含有複數的數學式，化為最簡。

(1) $(3 + 2i) + (4 - 3i)$

(2) $(7 + 5i) - (4 - 2i)$

(3) $(6 - 2i)(1 + 4i)$

(4) $(\sqrt{3} + i)(2 + \sqrt{3}i)$

(5) $\left(\dfrac{\sqrt{3}}{2} - \sqrt{2}i \right)(4 + 4i)$

(6) $\left(-\dfrac{2\sqrt{2}}{3} - \dfrac{\sqrt{3}}{2}i \right)(\sqrt{3} - \sqrt{2}i)$

(7) $-3i(3 + 2i)(4 - 3i)$

解答

(1) $\quad (3 + 2i) + (4 - 3i)$

$= \ 3 + 4 + (2 - 3)i = 7 - i$

(2) $\quad (7 + 5i) - (4 - 2i)$

$= \ 7 - 4 + (5 + 2)i = 3 + 7i$

(3) $\quad (6 - 2i)(1 + 4i)$

$= \ 6 \times 1 + 6 \times 4i - 2i \times 1 - 2i \times 4i$

$= \ 6 + 24i - 2i - 8i^2$

$= \ 6 - 8 \times (-1) + (24 - 2)i$

$= \ 6 + 8 + 22i = 14 + 22i$

(4) $\quad (\sqrt{3} + i)(2 + \sqrt{3}i)$

$= \ \sqrt{3} \times 2 + \sqrt{3} \times \sqrt{3}i + 2i + \sqrt{3}i^2$

$= \ 2\sqrt{3} + \sqrt{3} \times (-1) + (3 + 2)i$

$= \ 2\sqrt{3} - \sqrt{3} + 5i = \sqrt{3} + 5i$

(5) $\left(\dfrac{\sqrt{3}}{2} - \sqrt{2}i\right)(4 + 4i)$

$= \dfrac{\sqrt{3}}{2} \times 4 + \dfrac{\sqrt{3}}{2} \times 4i - \sqrt{2}i \times 4 - \sqrt{2}i \times 4i$

$= 2\sqrt{3} + 2\sqrt{3}i - 4\sqrt{2}i - 4\sqrt{2}i^2$

$= 2\sqrt{3} - 4\sqrt{2} \times (-1) + (2\sqrt{3} - 4\sqrt{2})i$

$= 2\sqrt{3} + 4\sqrt{2} + (2\sqrt{3} - 4\sqrt{2})i \ = 2(\sqrt{3} + 2\sqrt{2}) + 2(\sqrt{3} - 2\sqrt{2})i$

(6) $\left(-\dfrac{2\sqrt{2}}{3} - \dfrac{\sqrt{3}}{2}i\right)(\sqrt{3} - \sqrt{2}i)$

$= -\dfrac{2\sqrt{2}}{3} \times \sqrt{3} + \dfrac{2\sqrt{2}}{3} \times \sqrt{2}i - \dfrac{\sqrt{3}}{2}i \times \sqrt{3} + \dfrac{\sqrt{3}}{2}i \times \sqrt{2}i$

$= -\dfrac{2\sqrt{6}}{3} + \dfrac{\sqrt{6}}{2} \times (-1) + \left(\dfrac{2 \times 2}{3} - \dfrac{3}{2}\right)i$

$= -\dfrac{2\sqrt{6}}{3} - \dfrac{\sqrt{6}}{2} + \left(\dfrac{4}{3} - \dfrac{3}{2}\right)i$

$= \dfrac{-2\sqrt{6} \times 2 - \sqrt{6} \times 3}{6} + \left(\dfrac{4 \times 2 - 3 \times 3}{6}\right)i$

$= \dfrac{-4\sqrt{6} - 3\sqrt{6}}{6} + \left(\dfrac{8 - 9}{6}\right)i$

$= -\dfrac{7\sqrt{6}}{6} - \dfrac{1}{6}i$

$= \dfrac{-7\sqrt{6} - i}{6}$

$= -\dfrac{7\sqrt{6} + i}{6}$

(7) $-3i(3 + 2i)(4 - 3i)$

$= -3i(3 \times 4 - 3 \times 3i + 2i \times 4 - 2i \times 3i)$

$= -3i(12 - 6 \times (-1) - 9i + 8i)$

$= -3i(12 + 6 - i)$

$= -3i(18 - i)$

$= -3i \times 18 + 3i \times i$

$= -54i + 3 \times (-1)$

$= -3 - 54i$

72

【II】關於共軛複數的問題。

設 $\dot{Z}=4-7i$，而為其共軛複數，計算下列算式。

(1)　$\overline{Z}+2$　　　　(2)　$\dot{Z}+\overline{Z}$　　　　(3)　$3\dot{Z}+2\overline{Z}$

(4)　$-\dot{Z}-5\overline{Z}$　　　(5)　$\overline{Z}\cdot\dot{Z}$　　　(6)　$\dfrac{\overline{Z}}{\dot{Z}}$

解答

(1)　$\begin{aligned}\overline{Z}+2 &= 4+7i+2\\ &= 6+7i\end{aligned}$

(2)　$\begin{aligned}\dot{Z}+\overline{Z} &= 4-7i+4+7i\\ &= 8\end{aligned}$

(3)　$\begin{aligned}3\dot{Z}+2\overline{Z} &= 3\times(4-7i)+2\times(4+7i)\\ &= 12-21i+8+14i\\ &= 12+8+(14-21)i\\ &= 20-7i\end{aligned}$

(4)　$\begin{aligned}-\dot{Z}-5\overline{Z} &= -1\times(4-7i)-5\times(4+7i)\\ &= -4+7i-20-35i\\ &= -4-20+(7-35)i\\ &= -24-28i\end{aligned}$

(5)　$\begin{aligned}\overline{Z}\cdot\dot{Z} &= (4+7i)(4-7i)\\ &= 4\times4-4\times7i+7i\times4-49\times i^2\\ &= 16-28i+28i-49\times(-1)\\ &= 16+49\\ &= 65\end{aligned}$

(6)
$$\dfrac{\overline{Z}}{\dot{Z}} = \dfrac{4+7i}{4-7i} = \dfrac{4+7i}{4-7i} \times \dfrac{4+7i}{4+7i}$$

$$= \dfrac{4\times 4 + 4\times 7i + 7i\times 4 + 7i\times 7i}{4\times 4 + 4\times 7i - 7i\times 4 - 49\times i^2}$$

$$= \dfrac{16+28i+28i+49\times(-1)}{16+28i-28i-49\times(-1)}$$

$$= \dfrac{16-49+56i}{16+49}$$

$$= \dfrac{-33+56i}{65}$$

$$= -\dfrac{33}{65} + \dfrac{56}{65}i$$

【III】試有理化下列含有複數的分數，並化至最簡。

(1) $\dfrac{3}{1+i}$

(2) $\dfrac{2+3i}{4i}$

(3) $\dfrac{2-2i}{2+5i}$

(4) $\dfrac{3-2i}{2+3i}$

解答

(1)
$$\dfrac{3}{1+i} = \dfrac{3}{1+i} \times \dfrac{1-i}{1-i}$$

$$= \dfrac{3-3i}{1-i+i-i^2}$$

$$= \dfrac{3-3i}{1-(-1)} = \dfrac{3-3i}{2}$$

$$= \dfrac{3}{2} - \dfrac{3}{2}i$$

(2) $\dfrac{2+3i}{4i}$ $=$ $\dfrac{2+3i}{4i} \times \dfrac{-4i}{-4i}$

　　　　　 $=$ $\dfrac{2 \times (-4i) + 3i \times (-4i)}{-16i^2}$

　　　　　 $=$ $\dfrac{-8i - 12i^2}{-16 \times (-1)}$

　　　　　 $=$ $\dfrac{-8i - 12 \times (-1)}{16}$

　　　　　 $=$ $\dfrac{12 - 8i}{16}$

　　　　　 $=$ $\dfrac{3 - 2i}{4}$

　　　　　 $=$ $\dfrac{3}{4} - \dfrac{2i}{4}$

　　　　　 $=$ $\dfrac{3}{4} - \dfrac{1}{2}i$

(3) $\dfrac{2-2i}{2+5i}$ $=$ $\dfrac{2-2i}{2+5i} \times \dfrac{2-5i}{2-5i}$

　　　　　 $=$ $\dfrac{2 \times 2 - 2 \times 5i - 2i \times 2 + 2i \times 5i}{2 \times 2 - 2 \times 5i + 5i \times 2 - 5i \times 5i}$

　　　　　 $=$ $\dfrac{4 - 10i - 4i + 10i^2}{4 - 10i + 10i - 25i^2}$

　　　　　 $=$ $\dfrac{4 + 10 \times (-1) - 14i}{4 - 25 \times (-1)}$

　　　　　 $=$ $\dfrac{4 - 10 - 14i}{4 + 25}$

　　　　　 $=$ $\dfrac{-6 - 14i}{29}$

　　　　　 $=$ $-\dfrac{6}{29} - \dfrac{14}{29}i$

$$
\begin{aligned}
\text{(4)} \quad \frac{3-2i}{2+3i} &= \frac{3-2i}{2+3i} \times \frac{2-3i}{2-3i} \\
&= \frac{3 \times 2 - 3 \times 3i - 2i \times 2 + 2i \times 3i}{2 \times 2 - 2 \times 3i + 3i \times 2 - 3i \times 3i} \\
&= \frac{6 - 9i - 4i + 6i^2}{4 - 6i + 6i - 9i^2} \\
&= \frac{6 + 6 \times (-1) + (-9-4)\,i}{4 - 9 \times (-1)} \\
&= \frac{6 - 6 - 13i}{4+9} \\
&= \frac{-13i}{13} \\
&= -i
\end{aligned}
$$

第 **3** 章

極座標

你踩到數學女王的地雷了。

她好像非常在意……

想要和好如初，就包在我身上吧！

女性就是喜愛甜食！只要讓她吃些甜食，什麼不快都會一掃而空喔！

呵呵…

姊姊妹妹媽媽奶奶…我全家都是女生，所以，聽我的，一定沒錯！

不太有 guts

父親

祖母

母

姊

我

妹

妹

這是女性數線…

冰室小姐自己一直有吃甜食呢。

可是，好像沒效啊。

還有其他好方法嗎？

我又要上課了。

沒有了。

數學系研究室
冰室研究室

唔———唔

左思

右想

該怎樣道歉才好……

可用數字來道歉吧！例如0837是「你別生氣」！

似乎很靠不住…

你站在那邊擋到路。

冰室小姐！

那些花…

我去換水。

スッ

不進來嗎？

推開

要、要！

放

那個…

冰室小姐，之前我…

謝謝你。

……咦？

我還在想，你可能
不會再來了。

怎麼會…那個，
我沒先來，
很對不起。

錯的是我，所以
請別再介意了。

那麼，請教我極
座標系統，我們
就算扯平了！

極座標系統？

你之前不是說過，
若用極座標系統，
乘法和除法都會
變簡單嗎？

喔…

好吧，你還記
得複數的絕對
值和幅角嗎？

還記得！

在說明極座標系統之前，要先說明直角座標系統。

對了…從你那裡先向右走1步，再向前走2步。

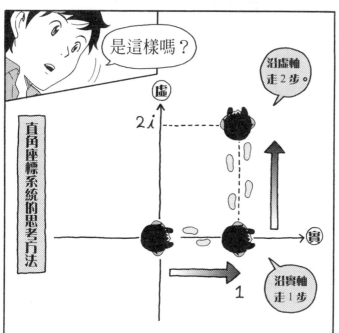

是這樣嗎？

沿虛軸走2步。

直角座標系統的思考方法

$2i$

沿實軸走1步

1

我剛剛的座標指示，就是用直角座標系統。

又稱笛卡兒座標系統。

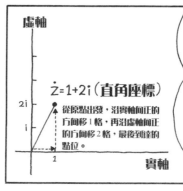

這是由原點出發，以水平方向和鉛直方向的移動距離來表達位置。

起點

原來如此。

虛軸

$\dot{z}=1+2i$（直角座標）

從原點出發，沿實軸向正的方向移1格，再沿虛軸向正的方向移2格，最後到達的點位。

$2i$

i

1

實軸

在複數平面中，由實部和虛部指定點的位置，也就是由實軸和虛軸直線相交的座標軸，來指定點位，稱為直角座標系統。

現在來說明極座標系統。

抓住。

咦?

抓著的手,長度是複數的絕對值(長度)。

噗通噗通

就是那裡

試從你那裡走到我所指的地方。

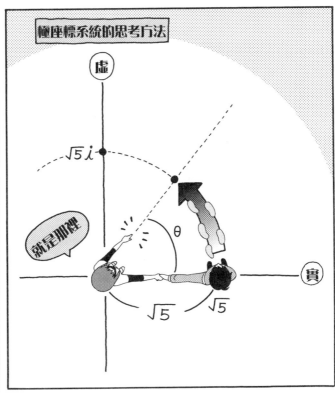

極座標系統的思考方法

虛

$\sqrt{5}\,i$

θ

$\sqrt{5}$

$\sqrt{5}$

實

這個旋轉,是對應於幅角 θ。

這種表示座標的方法,稱為極座標系統。

是,是的…

接著，試將 $1+2i$ 以極座標系統來表示。

亦即算出絕對值與幅角。

讓我來…

$a+bi$ 的絕對值是 $\sqrt{a^2+b^2}$，幅角是 $\tan^{-1}\left(\dfrac{b}{a}\right)$

絕對值 $|1+2i|=\sqrt{5}$

幅角 $\tan^{-1}\left(\dfrac{2}{1}\right)=63.4$ 度 $=1.11\,[\text{rad}]$

這樣可以嗎？

做得很好。在極座標中，複數的絕對值就是與原點的距離。

因此只要畫半徑是 $\sqrt{5}$ 的圓，再按幅角的角度，從原點開始畫線，交點就是複數在複數平面上的位置。

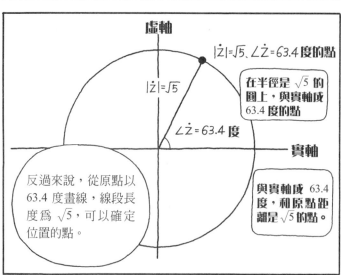

虛軸

$|z|=\sqrt{5}$、$\angle z=63.4$ 度的點

$|z|=\sqrt{5}$

在半徑是 $\sqrt{5}$ 的圓上，與實軸成 63.4 度的點

$\angle z=63.4$ 度

實軸

與實軸成 63.4 度，和原點距離是 $\sqrt{5}$ 的點。

反過來說，從原點以 63.4 度畫線，線段長度為 $\sqrt{5}$，可以確定位置的點。

只要確定與點的距離 r 及角度 θ，

就能決定平面上的某一點。

能夠求得絕對值與幅角，就能將直角座標系統，轉化爲極座標系統。

那麼可以倒推轉化嗎？

利用三角函數，可將直角座標系統轉化成極座標系統。

那麼，讓我們看看兩者的表示方式。

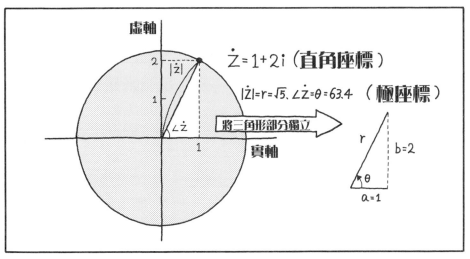

虛軸

$\dot{Z} = 1 + 2i$（**直角座標**）

$|\dot{Z}| = r = \sqrt{5}$、$\angle\dot{Z} = \theta = 63.4$（**極座標**）

將三角形部分獨立

實軸

r　$b = 2$

θ

$a = 1$

在直角座標系統中，以 $a + bi$ 表示。

在極座標系統中，同一點是以半徑 $r = |\dot{Z}|$ 及角度 $\theta = \angle\dot{Z}$ 來表示。

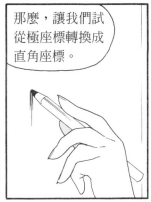

那麼，讓我們試從極座標轉換成直角座標。

像這樣，實部變成 $r\cos\theta$，虛部變成 $r\sin\theta$。

$$|\dot{z}| = r$$
$$\angle \dot{z} = \theta$$

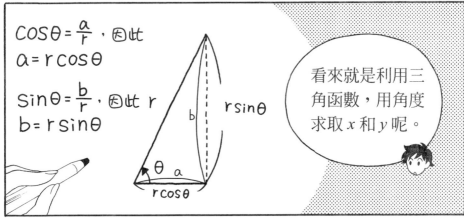

$\cos\theta = \dfrac{a}{r}$，因此

$a = r\cos\theta$

$\sin\theta = \dfrac{b}{r}$，因此

$b = r\sin\theta$

看來就是利用三角函數，用角度求取 x 和 y 呢。

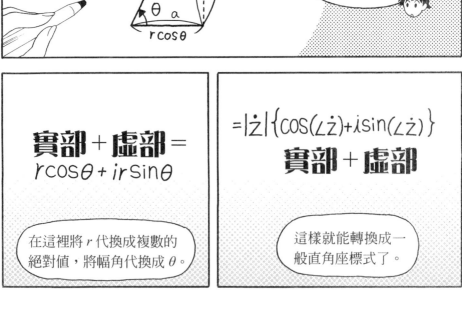

實部＋虛部＝
$r\cos\theta + ir\sin\theta$

在這裡將 r 代換成複數的絕對值，將幅角代換成 θ。

$= |\dot{z}|\{\cos(\angle\dot{z}) + i\sin(\angle\dot{z})\}|\dot{z}| =$
實部＋虛部

這樣就能轉換成一般直角座標式了。

做得很快，但是，的確是 $a+bi$ 的形式呢。

代入實際數字計算看看。

絕對值 $\sqrt{5}$ ，

幅角 $\angle 1.11\,(\text{rad}) = \angle 63.4$ 度

將這些數字代入剛才的數學式…

$$= |\dot{z}|\{\cos(\angle\dot{z}) + i\sin(\angle\dot{z})\}$$

$$= \sqrt{5}\{\cos(63.4度) + i\sin(63.4度)\}$$

$$= 2.236\,(0.453 + 0.891i)$$

$$= 1.01 + 1.99i$$

約爲 $1+2i$

這是因爲在求反正切時會有誤差。

我終於完全理解直角座標系統和極座標系統了！

複數平面的點，可以用直角座標系統和極座標系統兩種方法來表示。

按狀況來選擇方便運算的座標系統，這是很重要的。

利用極座標系統進行複數乘法和除法，會比較簡單嗎？

接下來就是說明這個，只是…

你懂得納皮爾常數嗎？

不 不

旋轉矩陣？

不 不

※ 納皮爾常數見第 102 頁，旋轉矩陣見第 126 頁。

還有漫漫長路呢…

想要學會虛數，還有漫長旅程……

但今天我學得很開心。

雖然不知為何，我好像還有很多不懂的地方。

不用說也知道。

……

88

將下方以一般直角座標式表示的複數，轉化為極座標；而以極座標表示的，
則轉化為一般直角座標式。

(1)　$4 + 4i$　　　(2)　$\sqrt{3} + i$　　(3)　$5 - 5\sqrt{3}i$　　(4)　$5i$　　　(5)　$-1 + i$

(6)　$-\dfrac{1}{3} - \dfrac{1}{\sqrt{3}}i$　　(7)　$3e^{\frac{\pi}{4}i}$　　(8)　$6e^{\frac{\pi}{3}i}$　　　(9)　$2e^{\frac{\pi}{6}i}$　　(10)　$\sqrt{3}e^{-\frac{\pi}{6}i}$

解答

$$
\begin{aligned}
(1) \quad 4 + 4i &= \sqrt{4^2 + 4^2}\, e^{i\tan^{-1}\left(\frac{4}{4}\right)} \\
&= \sqrt{16 + 16}\, e^{i\tan^{-1}(1)} \\
&= \sqrt{2 \times 16}\, e^{i45°} \\
&= 4\sqrt{2}\, e^{i45°}
\end{aligned}
$$

另解

$$
\begin{aligned}
4 + 4i &= \sqrt{4^2 + 4^2}\left(\frac{4 + 4i}{\sqrt{4^2 + 4^2}}\right) \\
&= 4\sqrt{2}\left(\frac{4 + 4i}{4\sqrt{2}}\right) \\
&= 4\sqrt{2}\left(\frac{1 + i}{\sqrt{2}}\right) \\
&= 4\sqrt{2}\left(\frac{1}{\sqrt{2}} + \frac{1}{\sqrt{2}}i\right) \\
&= 4\sqrt{2}(\cos 45° + i\sin 45°) \\
&= 4\sqrt{2}\, e^{i45°}
\end{aligned}
$$

(2) $\sqrt{3}+i = \sqrt{\left(\sqrt{3}\right)^2 + 1^2}\, e^{\,i\tan^{-1}\left(\frac{1}{\sqrt{3}}\right)}$

$\qquad\qquad = \sqrt{3+1}\,e^{i30°}$

$\qquad\qquad = \sqrt{4}\,e^{i30°}$

$\qquad\qquad = 2e^{i30°}$

另解 $\sqrt{3}+i = \sqrt{\left(\sqrt{3}\right)^2 + 1^2}\left(\dfrac{\sqrt{3}+i}{\sqrt{\left(\sqrt{3}\right)^2 + 1^2}}\right)$

$\qquad\qquad = \sqrt{4}\left(\dfrac{\sqrt{3}+i}{\sqrt{4}}\right)$

$\qquad\qquad = 2\left(\dfrac{\sqrt{3}+i}{2}\right)$

$\qquad\qquad = 2\left(\dfrac{\sqrt{3}}{2}+\dfrac{1}{2}\right)$

$\qquad\qquad = 2\left(\cos 30° + i\sin 30°\right)$

$\qquad\qquad = 2e^{i30°}$

(3) $5-5\sqrt{3}i = \sqrt{5^2 + \left(5\sqrt{3}\right)^2}\, e^{\,i\tan^{-1}\left(\frac{-5\sqrt{3}}{5}\right)}$

$\qquad\qquad = \sqrt{25+25\times 3}\,e^{i\tan^{-1}\left(-\sqrt{3}\right)}$

$\qquad\qquad = \sqrt{25\times(1+3)}\,e^{-i60°}$

$\qquad\qquad = \sqrt{5^2\times 4}\,e^{-i60°}$

$\qquad\qquad = 5\sqrt{2^2}\,e^{-i60°}$

$\qquad\qquad = 5\times 2e^{-i60°}$

$\qquad\qquad = 10e^{-i60°}$

$$5 - 5\sqrt{3}i = \sqrt{5^2 + \left(5\sqrt{3}\right)^2}\left(\frac{5 - 5\sqrt{3}i}{\sqrt{5^2 + \left(5\sqrt{3}\right)^2}}\right)$$

$$= 10\left(\frac{5 - 5\sqrt{3}i}{10}\right)$$

$$= 10\left(\frac{1}{2} - \frac{\sqrt{3}}{2}i\right)$$

$$= 10\left(\cos\left(-60°\right) + i\sin\left(-60°\right)\right)$$

$$= 10e^{i(-60°)}$$

$$5 - 5\sqrt{3}i = 5\left(1 - \sqrt{3}i\right)$$

$$= 5\sqrt{1 + \left(\sqrt{3}\right)^2}\frac{1 - \sqrt{3}i}{\sqrt{1 + \left(\sqrt{3}\right)^2}}$$

$$= 5\sqrt{4}\left(\frac{1 - \sqrt{3}i}{\sqrt{4}}\right)$$

$$= 10\left(\frac{1}{2} - \frac{\sqrt{3}}{2}i\right)$$

$$= 10\left(\cos\left(-60°\right) + i\sin\left(-60°\right)\right)$$

$$= 10e^{i(-60°)}$$

(4)　　$5i = 5e^{i90°}$

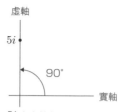

虚軸

$5i$

90°

實軸

$5i$ 在虛軸上

$$5i = 5\left(0 + i\right)$$

$$= 5\left(\cos 90° + i\sin 90°\right)$$

$$= 5e^{i90°}$$

$(5) \quad -1 + i = \sqrt{(-1)^2 + 1^2}\, e^{i\tan^{-1}\left(\frac{1}{-1}\right)}$

$\qquad\qquad = \sqrt{2}\, e^{i\tan^{-1}(-1)}$

$\qquad\qquad = \sqrt{2}\, e^{i135°}$

另解 $\quad -1 + i = \sqrt{(-1)^2 + 1^2}\, \dfrac{-1+i}{\sqrt{(-1)^2 + 1^2}}$

$\qquad\qquad = \sqrt{2}\left(\dfrac{-1+i}{\sqrt{2}}\right)$

$\qquad\qquad = \sqrt{2}\left(\dfrac{-1}{\sqrt{2}} + \dfrac{1}{\sqrt{2}}i\right)$

$\qquad\qquad = \sqrt{2}\left(\cos(135° + \sin 135°)\right)$

$\qquad\qquad = \sqrt{2}\, e^{i135°}$

$(6) \quad -\dfrac{1}{3} - \dfrac{1}{\sqrt{3}}i = \sqrt{\left(-\dfrac{1}{3}\right)^2 + \left(-\dfrac{1}{\sqrt{3}}\right)^2}\, e^{i\tan^{-1}\left(\frac{\frac{1}{\sqrt{3}}}{\frac{1}{3}}\right)}$

$\qquad\qquad\qquad = \sqrt{\dfrac{1}{9} + \dfrac{1}{3}}\, e^{i\tan^{-1}\left(\frac{\frac{1}{\sqrt{3}}}{\frac{1}{3}} \times \frac{3}{3}\right)}$

$\qquad\qquad\qquad = \sqrt{\dfrac{1+3}{9}}\, e^{i\tan^{-1}\left(\frac{3}{\sqrt{3}}\right)}$

$\qquad\qquad\qquad = \sqrt{\dfrac{4}{9}}\, e^{i\tan^{-1}\left(\sqrt{3}\right)}$

$\qquad\qquad\qquad = \dfrac{2}{3}\, e^{i240°}$

另解

$$-\frac{1}{3} - \frac{1}{\sqrt{3}}i = \sqrt{\left(-\frac{1}{3}\right)^2 + \left(-\frac{1}{\sqrt{3}}\right)^2}\left(\frac{-\frac{1}{3} - \frac{1}{\sqrt{3}}i}{\sqrt{\left(-\frac{1}{3}\right)^2 + \left(-\frac{1}{\sqrt{3}}\right)^2}}\right)$$

$$= \sqrt{\frac{1}{9} + \frac{1}{3}}\left(\frac{-\frac{1}{3} - \frac{1}{\sqrt{3}}i}{\sqrt{\frac{1}{9} + \frac{1}{3}}}\right)$$

$$= \sqrt{\frac{1+3}{9}}\left(\frac{-\frac{1}{3} - \frac{1}{\sqrt{3}}i}{\sqrt{\frac{1+3}{9}}}\right)$$

$$= \sqrt{\frac{4}{9}}\left(\frac{-\frac{1}{3} - \frac{1}{\sqrt{3}}i}{\sqrt{\frac{4}{9}}}\right)$$

$$= \frac{2}{3}\left(\frac{-\frac{1}{3} - \frac{1}{\sqrt{3}}i}{\frac{2}{3}}\right)$$

$$= \frac{2}{3}\left(\frac{-\frac{1}{3} - \frac{1}{\sqrt{3}}i}{\frac{2}{3}} \times \frac{3}{3}\right)$$

$$= \frac{2}{3}\left(\frac{-1 - \frac{3}{\sqrt{3}}i}{2}\right)$$

$$= \frac{2}{3}\left(\frac{-1 - \sqrt{3}i}{2}\right)$$

$$= \frac{2}{3}\left(-\frac{1}{2} - \frac{\sqrt{3}}{2}i\right)$$

$$= \frac{2}{3}\left(\cos 240° + i\sin 240°\right)$$

$$= \frac{2}{3}e^{i240°}$$

(7) $\quad 3e^{\frac{\pi}{4}i} \quad = \quad 3\left(\cos\dfrac{\pi}{4} + i\sin\dfrac{\pi}{4}\right)$

$\qquad\qquad = \quad 3\left(\cos 45° + i\sin 45°\right)$

$\qquad\qquad = \quad 3\left(\dfrac{1}{\sqrt{2}} + \dfrac{1}{\sqrt{2}}i\right)$

$\qquad\qquad = \quad 3\dfrac{1+i}{\sqrt{2}}$

$\qquad\qquad = \quad \dfrac{3+3i}{\sqrt{2}}$

(8) $\quad 6e^{\frac{\pi}{3}i} \quad = \quad 6\left(\cos\dfrac{\pi}{3} + i\sin\dfrac{\pi}{3}\right)$

$\qquad\qquad = \quad 6\left(\cos 60° + i\sin 60°\right)$

$\qquad\qquad = \quad 6\left(\dfrac{1}{2} + \dfrac{\sqrt{3}}{2}i\right)$

$\qquad\qquad = \quad 3 + 3\sqrt{3}i$

(9) $\quad 2e^{\frac{\pi}{6}i} \quad = \quad 2\left(\cos\dfrac{\pi}{6} + i\sin\dfrac{\pi}{6}\right)$

$\qquad\qquad = \quad 2\left(\cos 30° + i\sin 30°\right)$

$\qquad\qquad = \quad 2\left(\dfrac{\sqrt{3}}{2} + \dfrac{1}{2}i\right)$

$\qquad\qquad = \quad \sqrt{3} + i$

(10) $\quad \sqrt{3}e^{-\frac{\pi}{6}i} \quad = \quad \sqrt{3}\left(\cos\left(-\dfrac{\pi}{6}\right) + i\sin\left(-\dfrac{\pi}{6}\right)\right)$

$\qquad\qquad = \quad \sqrt{3}\left(\cos\left(-30°\right) + i\sin\left(-30°\right)\right)$

$\qquad\qquad = \quad \sqrt{3}\left(\dfrac{\sqrt{3}}{2} - \dfrac{1}{2}i\right)$

$\qquad\qquad = \quad \dfrac{3}{2} - \dfrac{\sqrt{3}}{2}i$

第 4 章

尤拉公式
連結指數函數和複數

1. 尤拉公式

開門

午安～

歡迎！

按照先前約定，
我要讓你看
最美麗的東西。

關門

解鈕扣

脫～

喔！
冰室小姐！？

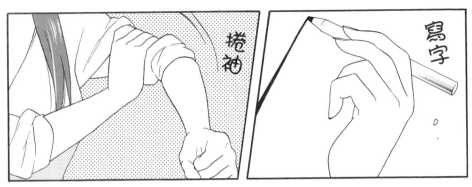

$$e^{i\pi} + 1 = 0.$$

這就是尤拉公式！

怎樣？
很美麗吧！

你在做什麼？

好了！給我仔細
看這公式。

非常美麗吧？

微笑

是，是的…很美麗。

的沐室小姐。

？你在看什麼奇怪的地方？

不、不，不是…

要怎麼說呢…

把三個不懂的數字組合起來，

$$e^{i\pi}+1=0$$

再加上 1，便成為 0，看來很特別呢。

納皮爾常數 e，圓周率 π，以及虛數 i

人類在完全不同的情況下，創造出來的三個數，在此合而為一，變成這麼簡單的樣貌！

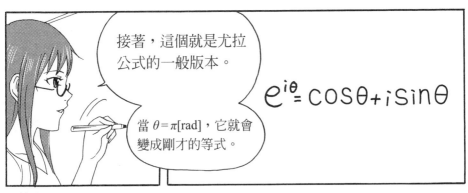

接著，這個就是尤拉公式的一般版本。

$$e^{i\theta} = \cos\theta + i\sin\theta$$

當 $\theta = \pi$[rad]，它就會變成剛才的等式。

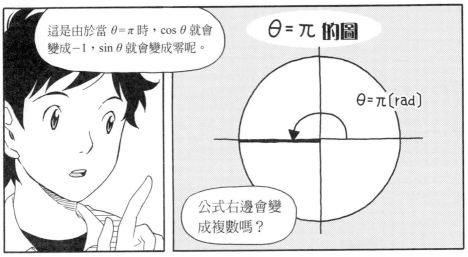

這是由於當 $\theta = \pi$ 時，$\cos\theta$ 就會變成 -1，$\sin\theta$ 就會變成零呢。

$\theta = \pi$ 的圖

$\theta = \pi$[rad]

公式右邊會變成複數嗎？

虧你能看得出來呢。

尤拉公式就是將指數函數和複數連結的數學式。

這是說，在學習虛數的過程中，會出現尤拉公式呢。

是的。

接下來的發展會出乎你的意料之外，所以你要有所覺悟喔。

可是，我不太熟悉
尤拉公式裡的 e。

$$e^{i\theta} = \cos\theta + i\sin\theta$$

這就是納皮爾
常數，也就是
自然對數的底。

$$e = 2.718281828\cdots$$

也是無理數呢。

正是。
將兩個無理數
和虛數組合，
可以變成簡單的數。

尤拉公式
很厲害吧。

那麼，一起來
看看，

咔

何謂納皮爾
常數。

就某程度而言，

數學中所謂極限，
就是無止境接近。

但是再接近也絕不會黏在一起。

所謂某數趨近於無限大。

$$\lim_{n \to \infty}$$

就是要考慮它無限制地變大的情況。

這個記號，表示 n 趨近於無限大。

$$\lim_{n \to \infty}$$

lim 是 limit 的縮寫。

$$\lim_{n \to \infty}\left(1+\frac{1}{n}\right)^{n}$$

試想看看，這個數會變怎樣？

首先，考慮括號內的數，

當 n 變大時，分母會變大，

所以 $\frac{1}{n}$ 會無止境地接近 0，

接近 0。

就是這樣，因此上面括號內的數會趨近於 1。

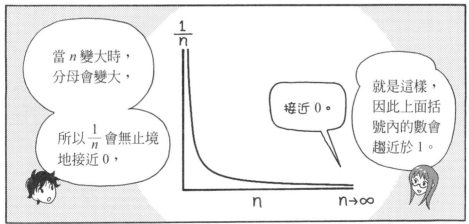

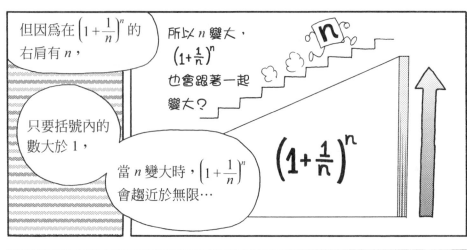

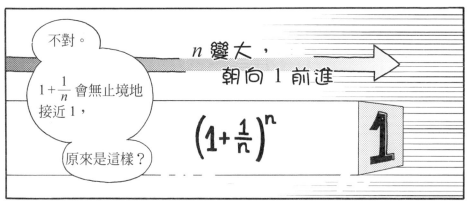

1 與無限大的中間…大概是一百萬嗎？

原來小學生會回答的答案。

和正解差太遠了。

收斂就是無止境地接近的意思。

$$\lim_{n \to \infty}\left(1+\frac{1}{n}\right)^n = e = 2.718281828\cdots$$

是這樣

$$e = \sum_{n=0}^{\infty} \frac{1}{n!} \text{（定義）}$$
$$= \frac{1}{0!} + \frac{1}{1!} + \frac{1}{2!} + \frac{1}{3!} + \cdots$$
$$= 1 + 1 + \frac{1}{2} + \frac{1}{6} + \cdots$$

原來這就是納皮爾常數的定義呢！

是的，這就是納皮爾常數的定義。

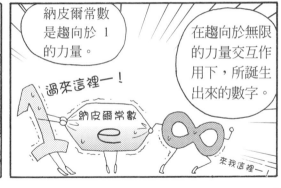

納皮爾常數是趨向於 1 的力量。

在趨向於無限的力量交互作用下，所誕生出來的數字。

過來這裡一！

納皮爾常數 e

來我這裡一！

說起來，還真是緊張萬分呢！

e 的自乘具有特別性質，

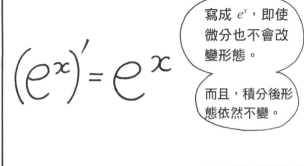

寫成 e^x，即使微分也不會改變形態。

而且，積分後形態依然不變。

$$(e^x)' = e^x$$

這樣很厲害嗎？

很厲害啊！

舉例來說，將二次函數 $y = ax^2 + bx + c$ 微分和積分看看。

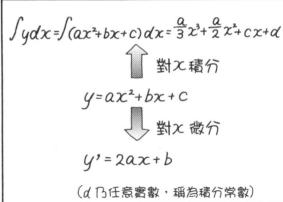

$$\int y\,dx = \int (ax^2 + bx + c)\,dx = \frac{a}{3}x^3 + \frac{a}{2}x^2 + cx + d$$

對 x 積分

$$y = ax^2 + bx + c$$

對 x 微分

$$y' = 2ax + b$$

（d 乃任意實數，稱為積分常數）

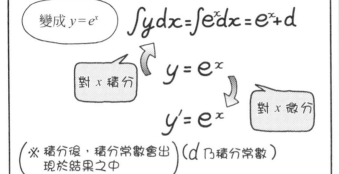

變成 $y = e^x$

$$\int y\,dx = \int e^x\,dx = e^x + d$$

對 x 積分

$$y = e^x$$

$$y' = e^x$$

對 x 微分

（※ 積分後，積分常數會出現於結果之中）（d 乃積分常數）

對 x 微分和積分都能保持形態不變，這個性質相當方便，可以多加利用。

原來如此！

3. 尤拉公式的證明

$$e^{i\theta} = \cos\theta + i\sin\theta$$

那麼，既然認識了納皮爾常數，現在該回到尤拉公式。

尤拉公式看似簡單，要證明卻相當困難。

喔

連冰室小姐都說困難，表示真的很困難。

所以在此只做概略證明。

試試看，用心感受。

首先，依照麥克勞倫展開式，將 e^{ix} 展開。

麥克勞倫展開式？

說來話長，簡言之，就是將能無限次微分的函數，展開成無窮無盡的級數和。

什麼

用實際的展開式例子就能很快明白，

對任意的 x，e^{ix} 均可表示如下式，以這種方式理解即可。

$$e^{ix} = 1 + \frac{ix}{1!} + \frac{(ix)^2}{2!} + \frac{(ix)^3}{3!} + \frac{(ix)^4}{4!} + \frac{(ix)^5}{5!} + \frac{(ix)^6}{6!} + \frac{(ix)^7}{7!} \cdots$$

經過變換，能變成一些有趣的形態。

……裡面有一堆驚嘆號，是怎樣來的？

！

！指的是階乘。

$$n! = 1 \times 2 \times 3 \times \cdots \times (n-1) \times n$$

$n!$ 表示由 1 到 n 的乘積

然後，由於 $i^2 = -1$，展開式便寫成如此。

$$e^{ix} = 1 - \frac{x^2}{2!} + \frac{x^4}{4!} - \frac{x^6}{6!} \cdots + i\left(\frac{x}{1!} - \frac{x^3}{3!} + \frac{x^5}{5!} - \frac{x^7}{7!} \cdots\right)$$

接著則依照麥克勞倫展開式，展開 cos x 和 sin x。

當指數是奇數時，i 會留下來。

當指數是偶數時，i 會互相抵消。

$$1-\frac{x^2}{2!}+\frac{x^4}{4!}-\frac{x^6}{6!}\cdots$$

$$i\left(\frac{x}{1!}-\frac{x^3}{3!}+\frac{x^5}{5!}-\frac{x^7}{7!}\cdots\right)$$

$$\cos x = 1-\frac{x^2}{2!}+\frac{x^4}{4!}-\frac{x^6}{6!}\cdots$$

$$\sin x = x-\frac{x^3}{3!}+\frac{x^5}{5!}-\frac{x^7}{7!}\cdots$$

展開式中，cos 的指數只有偶數，而 sin 的只有奇數，真令人覺得不可思議呢。

不要這麼容易就感動，快點拿來和 e^{ix} 的麥克勞倫展開式比較看看！

$$e^{ix}=1-\frac{x^2}{2!}+\frac{x^4}{4!}-\frac{x^6}{6!}\cdots+i\left(\frac{x}{1!}-\frac{x^3}{3!}+\frac{x^5}{5!}-\frac{x^7}{7!}\cdots\right)$$

啊！該不會是…

cos x 和 sin x 就在裡面！

就是這樣，正因如此，

$$e^{ix}=\cos x+i\sin x$$

就寫成尤拉公式！

感覺上，是將 e^{ix}、三角函數和虛數連結在一起呢。

虛

e^{ix}

三角函數

總算大功告成。

4. 棣美弗公式

另外送你一個禮物，

$$(\cos\theta + i\sin\theta)^n = \cos(n\theta) + i\sin(n\theta)$$

就是棣美弗公式。

是將自乘變成乘法運算呢。

正是，有了它，運算會變得輕鬆，這是從尤拉公式推導出來的。

那就試著證明之。

首先，將尤拉公式兩邊同乘 n 次方。

$$(e^{ix})^n = e^{inx} \quad \textbf{指數律}$$

請回想一下指數律。

$$(e^{ix})^n = (\cos x + i\sin x)^n$$
$$= e^{inx} = \cos(nx) + i\sin(nx)$$

原來如此，會變成這樣。

做得很好。以尤拉公式為基礎，就能簡單推導出來。

像這樣……

只要運用尤拉公式，就能簡化成極座標。

還記得轉化直角座標爲極座標的公式嗎？

我試試。

$$\dot{Z}=a+ib=|\dot{Z}|\cos(\angle\dot{Z})+i|\dot{Z}|\sin(\angle\dot{Z})=|\dot{Z}|\{\cos(\angle\dot{Z})+i\sin(\angle\dot{Z})\}$$

請運用尤拉公式，試置換 $\cos(\angle\dot{Z})+i\sin(\angle\dot{Z})$。

θ 就是幅角 $\angle\dot{Z}$…

$$e^{i\theta}=\cos\theta+i\sin\theta$$

$$e^{i\angle\dot{Z}}=\cos(\angle\dot{Z})+i\sin(\angle\dot{Z})$$

進行置換…

$$\dot{Z}=|\dot{Z}|e^{i\angle\dot{Z}}$$

完成了！

相當流暢呢。

將偏角寫入指數，運用這一點，複數的乘法就會立刻簡化。

好－
乘著這股氣勢。

咕嚕咕嚕

……

明天再繼續吧。

啊…冰室小姐！
那個…要不要……

風味堂

徵

歡迎光臨

燒拉麵
嗆拉麵
拉麵大

美味

燒拉麵
嗆拉麵
拉麵大

這就是我以前和你說到的拉麵店，你覺得怎樣？

美味5倍

喝

第一次來吃，不錯。

眼鏡都是霧。

這是什麼？
真好吃…！

不已

感動

冰室小姐！
我明天也會
努力學習的！

咦？

好的…不過不要
太過勉強自己喔。

我喜歡的人，就是因
爲不眠不休地研習數
學，弄壞了眼睛。

這樣嗎？
冰室小姐…

你說什麼？

就是爲了學習
把眼睛弄壞。

前面那一句

我喜歡的人

我的青春，
再見了……

風味堂

味

優太？
拉麵都要
涼了。

6. 微分的定義與納皮爾常數的微分

納皮爾常數 e 是 $\lim\limits_{n\to\infty}\left(1+\dfrac{1}{n}\right)^n$。若 $h=\dfrac{1}{n}$，即 $n=\dfrac{1}{h}$，就能將 $n\to\infty$ 改寫成 $h\to 0$。換言之，就是 $\lim\limits_{h\to 0}(1+h)^{\frac{1}{h}}$。接下來，將 e^x 帶入微分的定義式中。首先，以 $f(x)$ 表示函數，則函數 $f(x)$ 的微分（導數）定義如下式。

$$f'(x)=\lim_{h\to 0}\frac{f(x+h)-f(x)}{h}$$

代 $f(x)$ 入上式，得

$$f(x)=e^x$$

$$
\begin{aligned}
f'(x) &=(e^x)' \\
&=\lim_{h\to 0}\frac{e^{(x+h)}-e^x}{h} \\
&=\lim_{h\to 0}\frac{e^x e^h - e^x}{h} \\
&=\lim_{h\to 0}\frac{e^x(e^h-1)}{h} \\
&=e^x\lim_{h\to 0}\frac{e^h-1}{h}
\end{aligned}
$$

因 e^x 與 h 無關，所以能提到 lim 外面。接著，依照 e 的定義式改寫後，變為 $e=\lim\limits_{n\to\infty}\left(1+\dfrac{1}{n}\right)^n$ 兩邊求取自然對數（log 底為 e）（關於對數函數的意義，將會於第 159 頁說明）。

$$\log_e e = 1$$

$$= \log_e \lim_{h \to 0} (1+h)^{\frac{1}{h}}$$

$$= \lim_{h \to 0} \log_e (1+h)^{\frac{1}{h}}$$

$$= \lim_{h \to 0} \frac{1}{h} \log_e (1+h)$$

$$= \lim_{h \to 0} \frac{\log_e (1+h)}{h}$$

換言之，$\displaystyle\lim_{h \to 0} \frac{\log_e (1+h)}{h}$ 會變成 1。利用這個結果，代換 $1+h=e^t$，即 $h=e^t-1$，當 $h \to 0$，由於 $e^0=1$，會有 $t \to 0$。

實際代換 $\displaystyle\lim_{h \to 0} \frac{\log_e (1+h)}{h}=1$ ，

$$\lim_{t \to 0} \frac{\log_e (e^t)}{e^t - 1} = 1$$

$$\lim_{t \to 0} \frac{t \log_e (e)}{e^t - 1} = 1 \text{ ，由於 } \log_e e = 1 \text{ ，得 } \lim_{t \to 0} \frac{t}{e^t - 1} = 1$$

將等式兩邊的分子和分母交換（求倒數），會變成

$$\lim_{t \to 0} \frac{e^t - 1}{t} = 1$$

因此，

$$f'(x) = (e^x)'$$

$$= e^x \lim_{h \to 0} \frac{e^h - 1}{h}$$

$$= e^x$$

微分後依然維持原狀。

7. 納皮爾常數的應用實例

接下來，我們將剛學到的納皮爾常數，與現實生活中的實例做連結。將1000 萬日圓存入銀行，年利率為 3%，一年後會有多少日圓？

答案是 1000 萬日圓 $(1+0.03)=1030$ 萬日圓。

那麼，將 1030 萬日圓繼續存放於銀行一年，總共存放兩年，會如何？將收到的利息加本金來計算複利，會得到，

$$1030 萬日圓 (1+0.03)=1000 萬日圓 (1+0.03)(1+0.03)$$
$$=1000 萬日圓 (1+0.03)^2$$
$$=1060.9 萬日圓$$

那麼，將1060.9 萬日圓再繼續存放於銀行一年，總共存放三年，會如何？

$$1060.9 萬日圓 (1+0.03)=1000 萬日圓 (1+0.03)^2(1+0.03)$$
$$=1000 萬日圓 (1+0.03)^3$$
$$=1092.727 萬日圓$$

若存放 N 年之後會怎樣？

答案是會變成 1000 萬日圓 $(1+0.03)^N$。

若為 10 年，取 $N=10$，得 1343.9163 萬日圓。

若和銀行接洽，表示希望利息的支付期限改為每半年一次。半年的利率雖為年利率的一半，即 3%，但是一年可得兩次利息。一樣以複息計算，一年後會得到，

$$1000 萬日圓 (1+0.03/2)(1+0.03/2)=1000 萬日圓 (1+0.03/2)^2$$
$$=1030.225 萬日圓$$

兩年後會得到，

$$1000 萬日圓 (1+0.03/2)^4=1061.3635 萬日圓$$

三年後會得到，

1000 萬日圓 $(1+0.03/2)^6 = 1093.4432$ 萬日圓

依此，每半年計息一次，N 年後會得到，

1000 萬日圓 $(1+0.03/2)^{2N}$

10 年後，取 $N=10$，得 1346.8500 萬日圓。

比起每年計息一次，每半年計息一次，收到的本利和會增加。

進一步來說，若改為每三個月計息一次。三個月為一季，是一年的四分之一，利率是年利率的 $\frac{1}{4}$，一年可得四次利息，採用複利計算，

一年後，得　1000 萬日圓 $(1+0.03/4)^4 = 1030.3391$ 萬日圓
兩年後，得　1000 萬日圓 $(1+0.03/4)^8 = 1061.5988$ 萬日圓
三年後，得　1000 萬日圓 $(1+0.03/4)^{12} = 1093.8068$ 萬日圓
N 年後，得　1000 萬日圓 $(1+0.03/4)^{4N}$，即
10 年後，得 1348.3486 萬日圓。

得到的本利和更增加了。

將以上不同的計息方式，列成下表。

	每年計算 利息次數	一年後 （萬日圓）	兩年後 （萬日圓）	三年後 （萬日圓）	10 年後 （萬日圓）
年利率 (3%)	1	1030	1060.9	1092.727	1343.9163
半年利率 (1.5%)	2	1030.225	1061.3635	1093.4432	1346.855
季利率 $(\frac{3}{4}\%)$	4	1030.3391	1061.5988	1093.8068	1348.3486

由上可知，計算利息的時期愈短，收到的本利和金額就會愈高。

所以，若將計算利息的期限縮至無限短，本利和金額是否就會無限地增加？可惜，世上沒有那麼美好的事。就算將計算利息的期限縮至無限短，本利和金額也只會收斂於某個數值。接下來我們就要計算這個數值。在先前的例子中，省略 1000 萬日圓的部分，只考慮 $(1+0.03/n)^{nN}$ 在 n 趨於無限的值。

改寫為 $\left(1 + \dfrac{0.03}{n}\right)^{nN} = \left(1 + \dfrac{0.03}{n}\right)^{\frac{n}{0.03} \, 0.03N}$

設 $\dfrac{0.03}{n} = \dfrac{1}{h}$ ，換言之 $\dfrac{n}{0.03} = h$ 。

接著，設 $0.03N = T$ ，得 $\left(1 + \dfrac{1}{h}\right)^{hT}$ 。

前面解說過使 n 趨近於無限大的假想實驗，關於 $\lim\limits_{n \to \infty}\left(1 + \dfrac{1}{n}\right)^{n}$ 。

這一次，要趨近於無限的是 h ，數學式是 $\lim\limits_{h \to \infty}\left(1 + \dfrac{1}{h}\right)^{hT}$ 。

$$\lim_{h \to \infty}\left(1 + \frac{1}{h}\right)^{hT} = \left\{\lim_{h \to \infty}\left(1 + \frac{1}{h}\right)^{h}\right\}^{T} = e^{T}$$

　　讓人意外的是，在計算利息時，若計算利息的時間無限短，在計算本利和增加時，會運用自然對數的底（納皮爾常數）。但實際上，並沒有銀行會以無限短的時期來計算利息。

第 5 章

尤拉公式與三角函數的複角公式

喀
啦

原來是真的啊。

傳聞「數學女王」是單相思。

知道就早點說啊！那麼重要的事。

對方大概是外國人吧，聽說叫做萊昂哈德。

想像圖

我也不知該不該說啊，那個傳言像玩笑一樣。

光聽名字就知道他很帥。

好像是個數學天才。

想像圖

深奧數學書籍

我完全比不上…

你這蠢材！這樣就要放棄嗎？

學長……

120

如果換了我就會放棄。

什麼～

…我要去上課了。

你生氣啦，我請客賠罪吧。

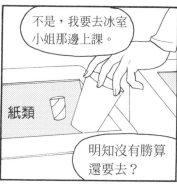

不是，我要去冰室小姐那邊上課。

紙類

明知沒有勝算還要去？

也許你說得沒錯。

可是事到如今，我不想對虛數和複數的學習半途而廢。

還真有膽識嘛！

很帥囉一

麥茶

我可不想這樣拖拖拉拉下去…

不管那麼多了！直接問冰室小姐吧！

午安—…

冰室研究室

歡迎優太～

啪

請、請問、冰室小姐…

咕嚕

有一件事，我很想知道…

你提過，你有喜歡的人吧…

咦？
是的，你想知道萊昂哈德大人的事嗎？

轉頭

那只是我單方面私下喜歡而已。

放下

是三角關係嗎…

果然是這樣——！竟然還用「大人」來稱呼！？

萊昂哈德大人～～

哇～！

想像圖

122

你發現了！
眞厲害，今天
我想談的
正是三角函數。

不，我說的是
三角關係…

萊昂哈德大人的
公式中也有三角
函數的蹤影。

萊昂哈德大人
的公式？

哼？

…該不會是

萊昂哈德‧
尤拉

（1707～
1783）

萊昂哈德‧尤拉是
18世紀偉大的數學家。

原來是尤拉的名字，令人
意想不到，眞是帥呢…

我就是尤拉！

以前我把他
想像成這樣

註：在日語中，「尤拉」的發音和小孩自稱的「我」同音。

你把我喜歡的人
想像成怎樣？

不，怎樣
都沒關係…

我也喜歡
尤拉！
哈哈！

……

我們先來考慮關於平面的旋轉。

旋轉嗎？

例如，在夜空中，星星會圍繞北極星周圍而旋轉。

請問，一小時後星星的位置會在哪裡？

北極星

夜空中，旋轉一周需時 24 小時，所以一小時後星星會旋轉 $\dfrac{360\ \text{度}}{24\ \text{小時}}=15$ 度

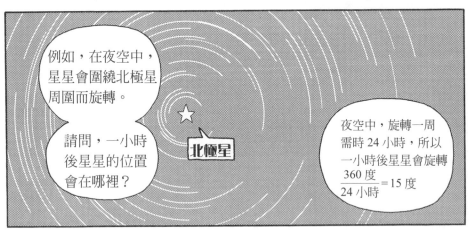

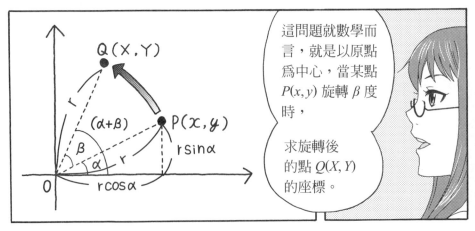

這問題就數學而言，就是以原點為中心，當某點 $P(x,y)$ 旋轉 β 度時，

求旋轉後的點 $Q(X,Y)$ 的座標。

124

試以直角座標表示 $P(x, y)$，比較移動後的 $Q(X, Y)$。

設 P 和原點的距離為 r，角度分別是 α 和 β，則⋯

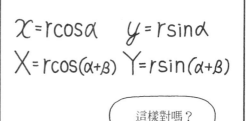

$$X = r\cos\alpha \qquad y = r\sin\alpha$$
$$X = r\cos(\alpha+\beta) \qquad Y = r\sin(\alpha+\beta)$$

這樣對嗎？

寫得很清楚啊！那你還記得三角函數的複角公式嗎？

高中數學有教。

好像以前有學過。

糟糕

全部都忘光了

$$\sin(\alpha+\beta) = \sin\alpha\cos\beta + \cos\alpha\sin\beta$$
$$\cos(\alpha+\beta) = \cos\alpha\cos\beta - \sin\alpha\sin\beta$$

這就是三角函數的複角公式。
這個公式可以推導出來，所以不用勉強記住。

試利用複角公式改寫 X 和 Y。

是一

$$X = r(\cos\alpha\cos\beta - \sin\alpha\sin\beta)$$
$$Y = r(\sin\alpha\cos\beta + \cos\alpha\sin\beta)$$

完成了！

代入 x 和 y，
這樣就行了嗎？

$$X = r\cos\alpha\cos\beta - r\sin\alpha\sin\beta$$
$$Y = r\sin\alpha\cos\beta + r\cos\alpha\sin\beta$$

首先從兩式移除括號，
將 r 分配到各項⋯

由於 $x = r\cos\alpha$，$y = r\sin\alpha$

$$X = x\cos\beta - y\sin\beta$$
$$Y = y\cos\beta + x\sin\beta$$

就會變成這樣。

做得很好，
那麼試將它們
改寫成矩陣。

把 β 換成 θ，
這就是旋轉矩陣。

乘上旋轉矩陣，就能
求得旋轉後的座標。

反過來說，只要記
得這個旋轉矩陣，
就可以用它來導出
複角公式。

$$\begin{bmatrix} X \\ Y \end{bmatrix} = \begin{bmatrix} \cos\theta & -\sin\theta \\ \sin\theta & \cos\theta \end{bmatrix} \begin{bmatrix} x \\ y \end{bmatrix}$$

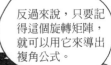

相較於用複角公式求旋轉後的座標，
用這個矩陣計算會變得很輕鬆呢。

你懂得如何利用旋轉矩陣來表示旋轉 $(\alpha+\beta)$？

$$\begin{bmatrix} X \\ Y \end{bmatrix} = \begin{bmatrix} \cos(\alpha+\beta) & -\sin(\alpha+\beta) \\ \sin(\alpha+\beta) & \cos(\alpha+\beta) \end{bmatrix} \begin{bmatrix} x \\ y \end{bmatrix}$$

那麼，試想旋轉 α 後，再旋轉 β 的情況。

以旋轉矩陣表示。

我先走了～

是像這樣般代入 $\theta = (\alpha+\beta)$ 吧。

寫成兩個旋轉矩陣，這樣可以嗎？

$$\begin{bmatrix} X \\ Y \end{bmatrix} = \begin{bmatrix} \cos\beta & -\sin\beta \\ \sin\beta & \cos\beta \end{bmatrix} \begin{bmatrix} \cos\alpha & -\sin\alpha \\ \sin\alpha & \cos\alpha \end{bmatrix} \begin{bmatrix} x \\ y \end{bmatrix}$$

$$\begin{bmatrix} 1 & 2 \\ 3 & 4 \end{bmatrix} \begin{bmatrix} a & b \\ c & d \end{bmatrix} = \begin{bmatrix} 1 \times a + 2 \times c & 1 \times b \times 2 \times d \\ 3 \times a + 4 \times c & 3 \times b + 4 \times d \end{bmatrix}$$

你懂如何計算矩陣的乘法嗎？

行列要搭配，重複計算…

$$\begin{bmatrix} \cos(\alpha+\beta) & -\sin(\alpha+\beta) \\ \sin(\alpha+\beta) & \cos(\alpha+\beta) \end{bmatrix} = \begin{bmatrix} \cos\alpha\cos\beta-\sin\alpha\sin\beta & -\sin\alpha\cos\beta-\cos\alpha\sin\beta \\ \sin\alpha\cos\beta+\cos\alpha\sin\beta & \cos\alpha\cos\beta-\sin\alpha\sin\beta \end{bmatrix}$$

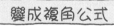

變成複角公式

像這樣計算，就能根據矩陣乘法的性質，

導出複角公式。

127

2. 推導三角函數的複角公式

接著我們要利用尤拉公式。

試試看，用更簡單的方法，來導出三角函數的複角公式。

尤拉公式真的很厲害啊。

原本以為他是這樣

還真不好意思

$$e^{i\theta} = \cos\theta + i\sin\theta$$

在這裡代入 $\theta = (\alpha + \beta)$

要注意等式左邊的 $e^{i(\alpha+\beta)}$

$$e^{i(\alpha+\beta)} = \cos(\alpha+\beta) + i\sin(\alpha+\beta)$$

嘰—

還記得先前的指數律嗎？

$$x^{(\alpha+\beta)} = x^\alpha \times x^\beta$$

因為 x 的 $(\alpha+\beta)$ 次方是 x 自乘 $(\alpha+\beta)$ 次，

所以就是 x 的 α 次方乘以 x 的 β 次方…

就是這樣得來的…

$$n^{(2+3)} = n \times n \times n \times n \times n = (n \times n) \times (n \times n \times n) = n^2 \times n^3$$

用 x 很麻煩，所以改寫成 n。

這樣寫很容易就明白呢。

換言之，指數的加法，會變成整個指數的乘法。

$$e^{i(\alpha+\beta)} = e^{i\alpha} \times e^{i\beta}$$

指

原來如此。

這樣一來，就可將等式右邊的兩個數用尤拉公式來寫。

$$e^{i(\alpha+\beta)} = e^{i\alpha} \times e^{i\beta}$$

正是這樣。

會變成複數的乘法

$$e^{i\alpha} \times e^{i\beta} = \left\{ \cos\alpha + i\sin\alpha \right\}\left\{ \cos\beta + i\sin\beta \right\}$$

繼續計算吧。試依照複數乘法展開括號。

$$\left\{ \cos\alpha + i\sin\alpha \right\}\left\{ \cos\beta + i\sin\beta \right\}$$

$$= \cos\alpha\cos\beta + \cos\alpha\, i\sin\beta + i\sin\alpha\cos\beta + ii\sin\alpha\sin\beta$$

還要做多一步。
因 ii 是 i^2，
換算成 -1，

然後分離實部和虛部。

呀，是這樣才對

$$= \cos\alpha\cos\beta - \sin\alpha\sin\beta + i\{\cos\alpha\sin\beta + \sin\alpha\cos\beta\}$$

那麼，把它和原式寫在一起，

你有什麼發現嗎？

$$e^{i(\alpha+\beta)} = \cos(\alpha+\beta) + i\sin(\alpha+\beta)$$
$$= \cos\alpha\cos\beta - \sin\alpha\sin\beta + i\{\cos\alpha\sin\beta + \sin\alpha\cos\beta\}$$

咦～

實部和虛部分別出現剛剛學會的複角公式。

若能將兩個複數以等式連結，則兩邊的實部和虛部理應相等。

首先比較實部…

這就是 cos 的
複角公式。

$$COS(\alpha+\beta) = COS\alpha COS\beta - sin\alpha sin\beta$$

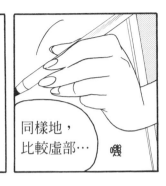

同樣地,
比較虛部…

喀

$$sin(\alpha+\beta) = cos\alpha\ sin\beta + sin\alpha\ cos\beta = sin\alpha\ cos\beta + cos\alpha\ sin\beta$$

這邊會變成 sin 的
複角公式。

只要記得尤拉公式,
就能推導出三角函數
的複角公式。

的確,這是
最簡單呢!

登山時,縱使出發點不同,
縱使沿途景色不同,
山頂也會是同一個。

三角函數的複角
公式也一樣。

三角函數的複角公式

線性代數

旋轉矩陣

複數

尤拉公式

…那麼,
最後的問題是,

喀

優太有喜歡的人嗎？

咦！！
為什麼！
好突然
這樣問！

沒有什麼
特別意思

優太，
你今天也
這樣問我喔。

這是…
告白的
機會！？

可是我
還沒有
心理準備…

…要說的話，

有的確是有～

是嗎？
好的。

咦？

今天到此
為止。

冰室小姐…？

為何我會如此慌亂？

我又惹她生氣了嗎？

3. 演算練習

解 $x^3 = 1$。注意，此為 x 的三次方程式，答案有三個。

解答*解說

將 1 移項往等號左邊，

得 $x^3 - 1 = 0$，即可知 $x = 1$ 為答案之一。接著，將 $x^3 - 1$ 除以 $x - 1$。

$\dfrac{x^3 - 1}{x - 1}$ 按下式進行除法筆算。下面增加符號①～⑨以說明，但這些符號和除法筆算本身沒有關係。

$$
\begin{array}{r}
\overset{①\quad④\quad⑦}{x^2 + x + 1} \\
x - 1 \enclose{longdiv}{x^3 + 0x^2 + 0x - 1} \\
\underline{x^3 - x^2} \quad\cdots\cdots\cdots② \\
x^2 + 0x \quad\cdots\cdots③ \\
\underline{x^2 - x} \quad\cdots\cdots⑤ \\
x - 1 \quad\cdots\cdots⑥ \\
\underline{x - 1} \quad\cdots\cdots⑧ \\
0 \quad\cdots\cdots⑨
\end{array}
$$

首先，視被除式為 $x^3 - 1 = x^3 + 0x^2 + 0x - 1$，將它和除式 $x - 1$ 寫在一起。

①比較被除式的 x^3 和除式 $x - 1$，得商為 x^2，記在此處。

②$x - 1$ 乘以 x^2，得 $x^3 - x^2$，寫在 $x^3 + 0x^2$ 下方。

③$x^3 + 0x^2$ 減以 $x^3 - x^2$，得 x^2。將這結果對位後寫在這行，並抄下 $0 \times x$。

④比較 $x^2 + 0x$ 和 $x - 1$，得商為 x，記在此處。

⑤$x - 1$ 乘以 x，得 $x^2 - x$，寫在 $x^2 + 0x$ 下方。

⑥$x^2 + 0x$ 減以 $x^2 - x$，得 x。將這結果寫在這行，並抄下 -1。

⑦比較 $x - 1$ 和 $x - 1$，得商為 1，記在此處。

⑧$x - 1$ 乘以 1，得 $x - 1$，寫在 $x - 1$ 下方。

⑨$x - 1$ 減以 $x - 1$，得 0。將這結果寫在這行。

這裡也可以利用公式 $(x-a)(x^2+ax+a^2)=x^3+ax^2+a^2x-ax^2-a^2x-1=x^3-a^3$ 進行因式分解，得到 $x^3-1=(x-1)(x^2+x+1)=0$，對因式 (x^2+x+1) 應用求解公式，得

$$x=\frac{-1\pm\sqrt{1^2-4\times1\times1}}{2\times1}=\frac{-1\pm\sqrt{3}i}{2}$$

因此，答案是 $x=1$，$x=\dfrac{-1\pm\sqrt{3}i}{2}$，共三個。

若採用尤拉公式解此方程式，

由於 $x^3=1=1+i\times0=\cos2n\pi+i\sin2n\pi=e^{i2n\pi}$，

n 為任意整數。

接著，對兩邊取立方根（兩邊取 $\dfrac{1}{3}$ 次方），得

$$(x^3)^{\frac{1}{3}}=\left(e^{i2n\pi}\right)^{\frac{1}{3}}$$

$$x=e^{i\frac{2}{3}n\pi}$$

(1)當 $n=0$，

$$x=e^{i\frac{2}{3}0\pi}=e^{i0}=\cos0+i\sin0=1$$

(2)當 $n=1$，

$$x=e^{i\frac{2}{3}\pi}=\cos\frac{2}{3}\pi+i\sin\frac{2}{3}\pi=-\frac{1}{2}+\frac{\sqrt{3}}{2}i=\frac{-1+\sqrt{3}i}{2}$$

(3)當 $n=2$，

$$x=e^{i\frac{2}{3}\times2\pi}=e^{i\frac{4}{3}\pi}=\cos\frac{4}{3}\pi+i\sin\frac{4}{3}\pi$$

$$=-\frac{1}{2}-\frac{\sqrt{3}}{2}i=\frac{-1-\sqrt{3}i}{2}$$

(4)當 $n=3$，

$$x=e^{i\frac{2}{3}\times3\pi}=e^{i2\pi}=\cos2\pi+i\sin2\pi=1$$

(5)當 $n = 4$，

$$\begin{aligned}
x &= e^{i \frac{2}{3} \times 4\pi} \\
&= e^{i \frac{8}{3}\pi} \\
&= e^{i\left(2\pi + \frac{2}{3}\pi\right)} \\
&= e^{i2\pi} e^{i \frac{2}{3}\pi} \\
&= (\cos 2\pi + i \sin 2\pi)\left(\cos \frac{2}{3}\pi + i \sin 2\pi\right) \\
&= (1 + i \times 0)\left(-\frac{1}{2} + \frac{\sqrt{3}}{2}i\right) \\
&= -\frac{1}{2} + \frac{\sqrt{3}}{2}i = \frac{-1 + \sqrt{3}i}{2}
\end{aligned}$$

之後都是不斷重覆。答案是 $x = 1$，$x = \dfrac{-1 \pm \sqrt{3}i}{2}$，共三個。

也可以說，若以複數（尤拉公式）來表示，可得 $x^3 = 1$ 的解答為 $e^{i\frac{2}{3}n\pi}$，其中 n 為任意整數。

可代入計算，

$$e^{i \frac{2}{3}\pi} = \cos \frac{2}{3}\pi + i \sin \frac{2}{3}\pi = -\frac{1}{2} + \frac{\sqrt{3}}{2}i = \frac{-1 + \sqrt{3}i}{2}$$

或

$$\begin{aligned}
\left(e^{i \frac{2}{3}\pi}\right)^2 &= e^{i \frac{4}{3}\pi} = \cos \frac{4}{3}\pi + i \sin \frac{4}{3}\pi \\
&= -\frac{1}{2} - \frac{\sqrt{3}}{2}i \\
&= \frac{-1 - \sqrt{3}i}{2}
\end{aligned}$$

$$e^{i\frac{2}{3}\pi} e^{i\frac{4}{3}\pi} = e^{i\left(\frac{2}{3}\pi + \frac{4}{3}\pi\right)}$$
$$= e^{i\frac{6}{3}\pi}$$
$$= e^{i2\pi}$$
$$= \cos 2\pi + i\sin 2\pi$$
$$= 1 + i \times 0$$
$$= 1$$

$$e^{i\frac{2}{3}\pi} e^{i\frac{4}{3}\pi} = \left(\frac{-1+\sqrt{3}i}{2}\right)\left(\frac{-1-\sqrt{3}i}{2}\right)$$
$$= \frac{1+\sqrt{3}i-\sqrt{3}i-3i^3}{4}$$
$$= \frac{1-(-1)\times 3}{4} = \frac{1+3}{4}$$
$$= \frac{4}{4}$$
$$= 1$$

無論依照極座標或直角座標來計算，都得到一致的結果。可是，從上述運算可見，若運用尤拉公式，運算便簡化許多。最後，若以複數平面表示，

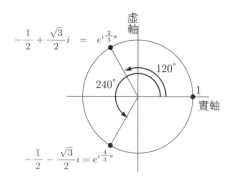

136

(1)當 $x=1$，x^3 會變成

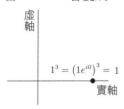

$$1^3 = \left(1e^{i0}\right)^3 = 1$$

(2)當 $x = e^{i\frac{2}{3}\pi} = -\frac{1}{2}+\frac{\sqrt{3}}{2}i$，

x^3 會變成

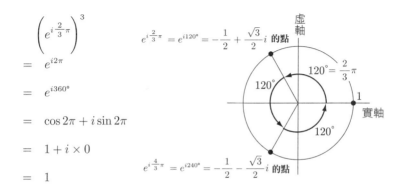

$$\left(e^{i\frac{2}{3}\pi}\right)^3$$

$$= e^{i2\pi}$$

$$= e^{i360°}$$

$$= \cos 2\pi + i \sin 2\pi$$

$$= 1 + i \times 0$$

$$= 1$$

$e^{i\frac{2}{3}\pi} = e^{i120°} = -\frac{1}{2}+\frac{\sqrt{3}}{2}i$ 的點

$120° = \frac{2}{3}\pi$

$e^{i\frac{4}{3}\pi} = e^{i240°} = -\frac{1}{2}-\frac{\sqrt{3}}{2}i$ 的點

(3)當 $x = e^{i\frac{4}{2}\pi} = -\frac{1}{2}-\frac{\sqrt{3}}{2}i$，會變成

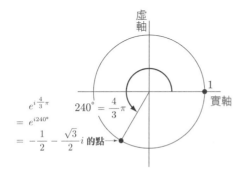

$e^{i\frac{4}{3}\pi}$
$= e^{i240°}$
$= -\frac{1}{2}-\frac{\sqrt{3}}{2}i$ 的點

$240° = \frac{4}{3}\pi$

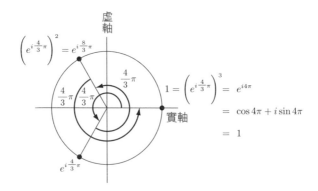

⑷在複數平面計算 $e^{i\frac{2}{2}\pi} \times e^{i\frac{4}{3}\pi}$，會變成

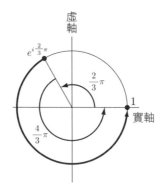

乘以 $e^{i\frac{4}{3}\pi}$，亦即旋轉 $\dfrac{4}{3}\pi$ [rad]，$e^{i\frac{2}{3}\pi} = -\dfrac{1}{2} + \dfrac{\sqrt{3}}{2}i$ 的點會變成 1。

CHAPTER 06

第 6 章

複數的性質、乘法
與除法、極座標

冰室小姐……
你問過我，我有沒有喜歡的人。

豐學科研究室
冰室研究室

是這樣的……
我喜歡的人，
就是，
**冰室小姐
你呀！**

說了說了
我說出來了！！

是嗎？謝謝你。

沒有人會每天跟討厭的人在一起。

我說的喜歡，
並不是這個意思。

這件事我知道。

我的家庭有點複雜，最後會變成怎樣，只會引伸出我解答不了的問題。

因此，我受到具有明確解答的數學吸引。

原來是這樣…

你的表情有必要這麼難看嗎。

畢竟這只是我的問題。

可是…

只要有數學我就沒事了。

緊張

而且還可以拿獎學金…

還有！ 也可以教優太數學呢！

！

…是的！今天也請多多指教！

1. 複數乘法

前幾次，我們談過尤拉公式和三角函數，這一次我們要回去談久違了的複數。

若以極座標系統來表示複數，可以簡化乘法和除法，之前我們曾經說過。

在這個過程中，學到了許多不同的東西呢。

你教了我數的種類…我也學會了連結指數函數和複數的尤拉公式…

就是這樣，

那麼，試想上次談到的旋轉矩陣，

北極星

只要乘上旋轉矩陣，就能解旋轉題。

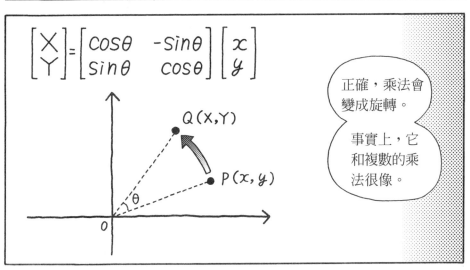

$$\begin{bmatrix} X \\ Y \end{bmatrix} = \begin{bmatrix} \cos\theta & -\sin\theta \\ \sin\theta & \cos\theta \end{bmatrix} \begin{bmatrix} x \\ y \end{bmatrix}$$

正確，乘法會變成旋轉。

事實上，它和複數的乘法很像。

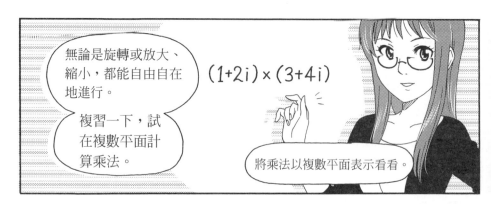

無論是旋轉或放大、縮小，都能自由自在地進行。

複習一下，試在複數平面計算乘法。

$(1+2i) \times (3+4i)$

將乘法以複數平面表示看看。

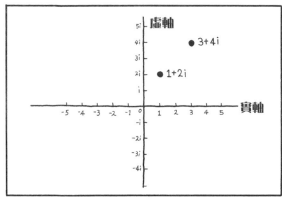

就是這樣，做得很好，你果然有學會呢。

那麼，試將把它們化成極座標。

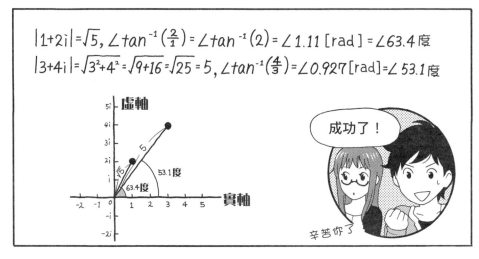

$|1+2i| = \sqrt{5}, \angle \tan^{-1}\left(\frac{2}{1}\right) = \angle \tan^{-1}(2) = \angle 1.11 \,[rad] = \angle 63.4 度$

$|3+4i| = \sqrt{3^2+4^2} = \sqrt{9+16} = \sqrt{25} = 5, \angle \tan^{-1}\left(\frac{4}{3}\right) = \angle 0.927 [rad] = \angle 53.1 度$

成功了！

辛苦你了

接著是進行這兩個複數的乘法，首先是在直角座標系統中進行乘法，試將結果以極座標表示。

$$(1+2i)\times(3+4i)=1\times3+1\times4i+2i\times3+2i\times4i=3-8+(4+6)i=-5+10i$$

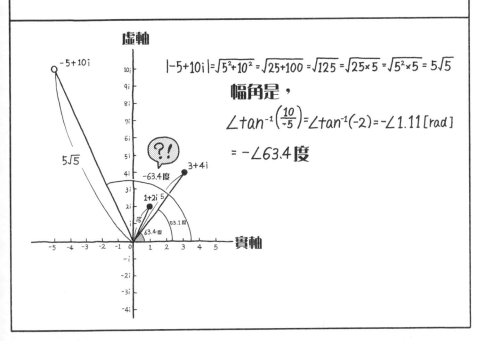

$$|-5+10i|=\sqrt{5^2+10^2}=\sqrt{25+100}=\sqrt{125}=\sqrt{25\times5}=\sqrt{5^2\times5}=5\sqrt{5}$$

幅角是，

$$\angle\tan^{-1}\left(\frac{10}{-5}\right)=\angle\tan^{-1}(-2)=-\angle1.11\,[rad]$$

$$=-\angle63.4\,度$$

唔？咦？
−63.4度？

滴

幅角是−63.4度，
這樣很奇怪吧？

你能注意到，
真不簡單。
用函數計算機
求反正切 $\tan^{-1}$ 時，
會得到介於 $-90\sim90$ 度
($-\frac{\pi}{2}\sim\frac{\pi}{2}$ [rad]) 之間的
結果。

好險⋯
差點讓函數
計算機給騙了。

那是因為使用函數計算機
的人沒有深思熟慮罷了。

為何是
$-90\sim90$ 度的
範圍？

明明是
$0\sim360$ 度。

試計算 $\tan 45°$
和 $\tan 225°$

兩者都是 1 呢。

滴

在 $0\sim360$ 度的範圍中，
三角函數 tan 會出現相同
的數值兩次。

以反函數來說，
這可是大事噢。

既然 $\tan 45° = 1$，
$\tan 225 = 1$，那麼 $\tan^{-1}(1)$
到底是 45 度還是 225 度，
是無法判定的。

就是這樣，因此用函數計算機求
反正切 $\tan^{-1}$ 時，只會得出在範
圍 $-90\sim90$ 度的數值。

就圖而言，是介於
第一象限和第四象
限的範圍。

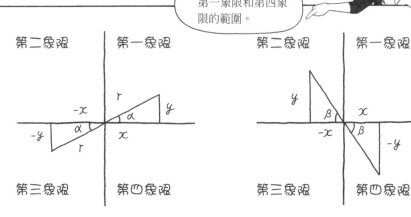

146

由於 $-5+10i$ 的實部爲負，虛部爲正，因此位在直角座標系統的第二象限。

-5 負

10i 正

tan θ 的角度加上π (3.14) [rad] 或 180 度，仍能得出相同結果。

看前面的圖便能馬上明白。

$$tan\ \theta = tan(\theta+\pi) = tan(\theta+180°)$$

x

β

$-y$

$-\angle 63.4$ 度

因爲$-\angle 63.4$ 度是屬於第四象限的角度，若要將它變成第二象限的角度，只要加上 π [rad] 或 180 度即可。

$-5+10i$ 的幅角
$$-\angle 1.11\ [rad] + \pi = 2.03\ [rad]$$
$$= -63.4\ 度 + 180\ 度 = 116.5\ 度$$

以圖表示。

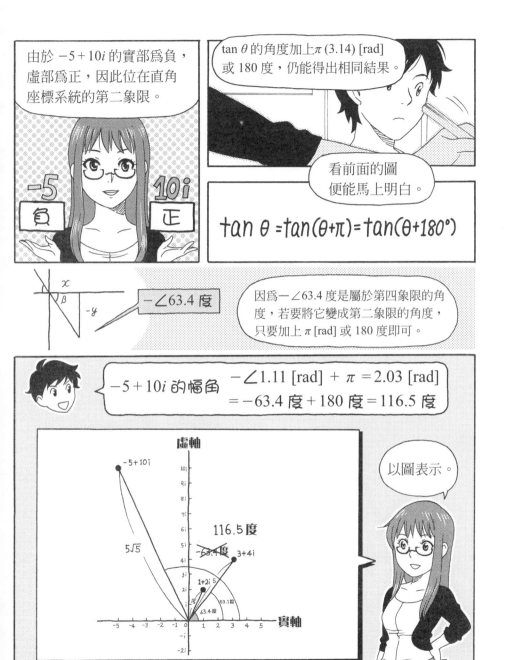

虛軸

$-5+10i$

10i
9i
8i
7i
6i
5i
4i
3i
2i
i

116.5 度

-63.4 度

$3+4i$

$5\sqrt{5}$

$1+2i$ 5

$\sqrt{5}$

63.1度

63.4度

實軸

-5 -4 -3 -2 -1 0 1 2 3 4 5

$-i$
$-2i$

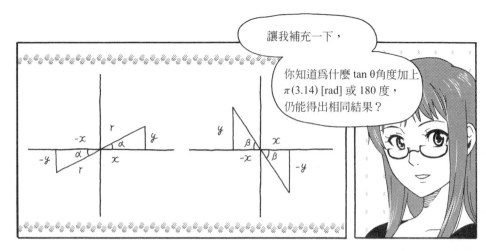

讓我補充一下，

你知道爲什麼 tan θ角度加上 π(3.14) [rad] 或 180 度，仍能得出相同結果？

看了這圖就可以明白，

但這並不是證明。

$$\tan(\theta+180°) = \frac{\sin(\theta+180°)}{\cos(\theta+180°)} = \frac{-\sin(\theta)}{-\cos(\theta)} = \frac{\sin\theta}{\cos\theta} = \tan\theta$$

簡單地說明。

原來如此！

$$\frac{n(\theta+180°)}{s(\theta+180°)} = \frac{-\sin(\theta)}{-\cos(\theta)} = \frac{\sin\theta}{\cos\theta} = \tan\theta$$

接下來，試解釋 sin (θ＋180°) 會變成−sin θ 以及 cos (θ＋180°) 會變成−cos θ 的理由。

我想…用複角公式就行吧。

$$\sin(\theta+180°) = \sin\theta\cos 180° + \cos\theta\sin 180° = \sin\theta \times(-1) + \cos\theta \times 0 = -\sin\theta$$

$$\cos(\theta+180°) = \cos\theta\cos 180° - \sin\theta\sin 180° = \cos\theta \times(-1) - \sin\theta \times 0 = -\cos\theta$$

正解。

148

實際上，tan θ的圖
是如右方的圖形。

無論採用什麼單位，
旋轉一周，tan θ 會
出現兩次相同數值。

要特別留意 tan⁻¹ 數值
的範圍，複數的乘法
還真麻煩呢。

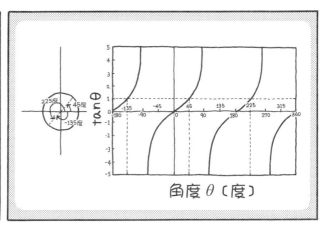

接著，試以極座
標進行乘法。

覺得好像會更
複雜。

不用擔心，

在極座標乘法中，絕對值的乘法運算
不變，幅角只需進行加法即可。

$$\sqrt{5} \angle 63.4 度 \times 5 \angle 53.1 度 = 5\sqrt{5} \angle (63.4+53.1) 度 = 5\sqrt{5} \angle 116.5 度$$

計算結果與直角座標系
相同，這是理所當然的。

會這麼
簡單嗎？

沒錯。

在極座標系統中，絕對
值的部分會放大（若絕
對值不足 1 則縮小），
幅角的部分會旋轉，可
以一目瞭然。

還記得用到尤拉公式，以指數表示的極座標嗎？

※請見第 4 章 110 頁

等一下…

啪啦

然後要證明如此變化的理由。

首先考慮以極座標表示的兩個複數 $\dot{z}_1$ 和 $\dot{z}_2$。

是這樣。

$$\dot{z}_1 = r_1 e^{i\alpha}$$
$$\dot{z}_2 = r_2 e^{i\beta}$$

我還記得如何好好利用這個式子。

試對這兩個複數進行乘法。

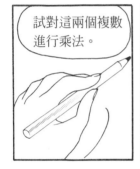

$$\dot{z}_1 \times \dot{z}_2 = r_1 e^{i\alpha} \times r_2 e^{i\beta} = r_1 r_2 e^{i(\alpha+\beta)}$$

注意等式的最右邊。

果然，絕對值會變成（$\dot{z}_1$ 的絕對值×$\dot{z}_2$ 的絕對值），幅角會變成（$\dot{z}_1$ 的幅角＋$\dot{z}_2$ 的幅角）！

對複數來說言，乘法代表旋轉，這是非常重要的。

一定要好好記住喔！

知道了！

書寫

書寫

150

2. 複數的除法

在極座標系統中進行除法，結果會怎樣？

在極座標除法中，絕對值的除法依序進行，而幅角只需做減法。

$$\left(1+2i\right) \div \left(3+4i\right) = \sqrt{5} \angle 63.4度 \div 5 \angle 53.1度 = \frac{\sqrt{5}}{5} \angle \left(63.4-53.1\right)度 = \frac{1}{\sqrt{5}} \angle \left(10.3度\right)$$
$$= \frac{1}{\sqrt{5}} \angle \left(0.18\right) 弧度 \ (rad)$$

除法計算也很簡單呢。

不用考慮共軛複數。

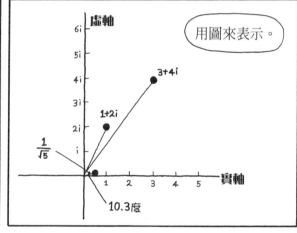

用圖來表示。

用直角座標系統再計算一次吧。

還記得做法嗎？

我想一想…首先要對分數上下乘以分母的共軛複數。

對了，共軛複數就是要把虛部的符號反轉。

求共軛複數時，不要弄錯虛部的符號喔！

一虛軸＋

$$(1+2i) \div (3+4i) = \frac{1+2i}{3+4i} = \frac{(1+2i) \times (3-4i)}{(3+4i) \times (3-4i)} = \frac{3-4i+2i \times 3-2i \times 4i}{9-3 \times 4i+4i \times 3-4i \times 4i} = \frac{3-4i+6i-8i^2}{9-12i+12i-16i^2}$$

$$= \frac{3+2i-8 \times (-1)}{9-16 \times (-1)} = \frac{3+8+2i}{9+16} = \frac{11+2i}{25} = \frac{11}{25} + \frac{2i}{25}$$

完成了。

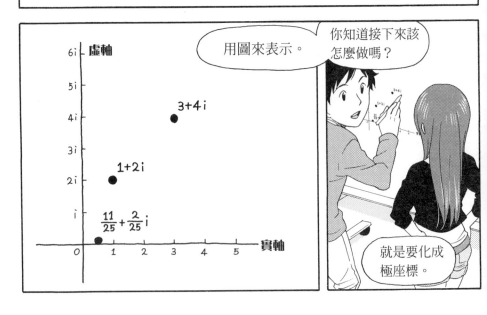

用圖來表示。

你知道接下來該怎麼做嗎？

就是要化成極座標。

沒錯，
請繼續。

$$\sqrt{\left(\frac{11}{25}\right)^2 + \left(\frac{2}{25}\right)^2} = \sqrt{\frac{121+4}{25^2}} = \frac{\sqrt{125}}{25} = \frac{\sqrt{25\times5}}{25} = \frac{\sqrt{5^2\times5}}{25} = \frac{5\sqrt{5}}{25} = \frac{\sqrt{5}}{5} = \frac{\sqrt{5}}{(\sqrt{5})^2} = \frac{1}{\sqrt{5}}$$

$$幅角：\tan^{-1}\left(\frac{\frac{2}{25}}{\frac{11}{25}}\right) = \tan^{-1}\left(\frac{2}{11}\right) = 10.3度 = 0.18（rad）$$

變成這樣囉！

辛苦你了，這個結果和極座標的一致。

在計算絕對值的時候，可將原本的複數分數，分子與分母先各自求絕對值，這樣運算起來更容易。

幅角可以（分子的角度）－（分母的角度）來計算。

$$\left|(1+2i)\div(3+4i)\right| = \left|\frac{1+2i}{3+4i}\right| = \left|\frac{\sqrt{1^2+2^2}}{\sqrt{3^2+4^2}}\right| = \left|\frac{\sqrt{5}}{\sqrt{9+16}}\right| = \frac{\sqrt{5}}{5} = \frac{\sqrt{5}}{(\sqrt{5})^2} = \frac{1}{\sqrt{5}}$$

$$幅角：\angle\left(\frac{1+2i}{3+4i}\right) = \angle(1+2i) - \angle(3-4i) = \tan^{-1}(2) - \tan^{-1}\left(\frac{4}{3}\right)$$

$$= 63.4度 - 53.1度 = 10.3度$$

接下來要說明這樣計算的原因。

$$\dot{Z}_1 = r_1 e^{i\alpha}$$
$$\dot{Z}_2 = r_2 e^{i\beta}$$

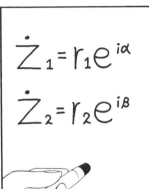

對這兩個複數進行除法，會變成這樣。

$$\dot{Z}_1 \div \dot{Z}_2 = r_1 e^{i\alpha} \div r_2 e^{i\beta} = \frac{r_1 e^{i\alpha}}{r_2 e^{i\beta}} = \frac{r_1}{r_2} e^{i(\alpha-\beta)}$$

$$|\dot{Z}_1 \div \dot{Z}_2| = \frac{r_1}{r_2}, \quad \angle(\dot{Z}_1 \div \dot{Z}_2) = \alpha-\beta$$

指數的除法，在運算時使用減法。

從直角座標系統到極座標系統⋯只要轉換一下，運算更輕鬆。

絕對值即為（$\dot{Z}_1$ 的絕對值 ÷$\dot{Z}_2$ 的絕對值），而幅角為（$\dot{Z}_1$ 的幅角 $-\dot{Z}_2$ 的幅角）。

那麼今天到此為止，明天要開始實際應用。

說真的，我沒想到優太竟能夠堅持到現在 真是要對你另眼相看。

這都是因為冰室小姐啊！

3. 對應角度法與弧度法的三角函數表

下表為度數法和弧度法的三角函數表。

角度 θ（度數法・degree）向左轉（逆時針方向）	0	30	45	60	90	120	135	150	180	210	225	240	270	300	315	330	360
角度 θ（度數法・degree）向右轉（順時針方向）	-360	-330	-315	-300	-270	-240	-225	-210	-180	-150	-135	-120	-90	-60	-45	-30	0
角度 θ（弧度法・radian）向左轉（逆時針方向）	0	$\frac{\pi}{6}$	$\frac{\pi}{4}$	$\frac{\pi}{3}$	$\frac{\pi}{2}$	$\frac{2\pi}{3}$	$\frac{3\pi}{4}$	$\frac{5\pi}{6}$	π	$\frac{7\pi}{6}$	$\frac{5\pi}{4}$	$\frac{4\pi}{3}$	$\frac{3\pi}{2}$	$\frac{5\pi}{3}$	$\frac{7\pi}{4}$	$\frac{11\pi}{6}$	2π
角度 θ（弧度法・radian）向右轉（順時針方向）	-2π	$-\frac{11\pi}{6}$	$-\frac{7\pi}{4}$	$-\frac{5\pi}{3}$	$-\frac{3\pi}{2}$	$-\frac{4\pi}{3}$	$-\frac{5\pi}{4}$	$-\frac{7\pi}{6}$	$-\pi$	$-\frac{5\pi}{6}$	$-\frac{3\pi}{4}$	$-\frac{2\pi}{3}$	$-\frac{\pi}{2}$	$-\frac{\pi}{3}$	$-\frac{\pi}{4}$	$-\frac{\pi}{6}$	0
$\sin\theta$	0	$\frac{1}{2}$	$\frac{\sqrt{2}}{2}$	$\frac{\sqrt{3}}{2}$	1	$\frac{\sqrt{3}}{2}$	$\frac{\sqrt{2}}{2}$	$\frac{1}{2}$	0	$-\frac{1}{2}$	$-\frac{\sqrt{2}}{2}$	$-\frac{\sqrt{3}}{2}$	-1	$-\frac{\sqrt{3}}{2}$	$-\frac{\sqrt{2}}{2}$	$-\frac{1}{2}$	0
$\cos\theta$	1	$\frac{\sqrt{3}}{2}$	$\frac{\sqrt{2}}{2}$	$\frac{1}{2}$	0	$-\frac{1}{2}$	$-\frac{\sqrt{2}}{2}$	$-\frac{\sqrt{3}}{2}$	-1	$-\frac{\sqrt{3}}{2}$	$-\frac{\sqrt{2}}{2}$	$-\frac{1}{2}$	0	$\frac{1}{2}$	$\frac{\sqrt{2}}{2}$	$\frac{\sqrt{3}}{2}$	1
$\tan\theta$	0	$\frac{1}{\sqrt{3}}$	1	$\sqrt{3}$	∞	$-\sqrt{3}$	-1	$-\frac{1}{\sqrt{3}}$	0	$\frac{1}{\sqrt{3}}$	1	$\sqrt{3}$	$-\infty$	$-\sqrt{3}$	-1	$-\frac{1}{\sqrt{3}}$	0

度數法（以度 degree 為單位）的直角為 90°，平角為 180°，一周為 360°

弧度法（以 rad degree 為單位）的直角為 $\frac{\pi}{2}$ [rad]，平角為 π [rad]，一周為 2π [rad]

4. 指數相關公式

以下介紹常見的指數公式。

$$n \times n = n^2 \qquad\qquad n \times n \times n = n^3$$

$$(n \times n) \times (n \times n \times n) = n^2 \times n^3 \qquad n^a \times n^b = n^{(a+b)}$$

$$= n^{(2+3)}$$

$$= n^5$$

$$n^{-a} = \frac{1}{n^a}$$

$$n^5 \div n^3 \;=\; \frac{n^5}{n^3} \qquad n^2 \div n^5 = \frac{n^2}{n^5} \qquad n^a \div n^b = \frac{n^a}{n^b}$$

$$=\; n^{(5-3)} \qquad\qquad = n^{(2-5)} \qquad\qquad = n^{(a-b)}$$

$$=\; n^2 \qquad\qquad = n^{-3} \qquad\qquad = \frac{1}{n^{-(a-b)}}$$

$$= \frac{1}{n^3}$$

$$n^{\frac{b}{a}} \;=\; \sqrt[a]{n^b} \qquad (n^a)^b = n^{ab}$$

$$=\; \left(n^{\frac{1}{a}}\right)^b$$

$$=\; \left(n^b\right)^{\frac{1}{a}}$$

$$(mn)^a = m^a n^a \qquad\qquad \left(\frac{m}{n}\right)^a = \frac{m^a}{n^a}$$

$$= n^a m^a$$

5. 對數函數

對數的定義

　　來思考一下關於指數函數 $y = a^x$ 的反函數。所謂反函數，就是將 x 和 y 交換後的函數，也就是等式會變成 $x = a^y$，但這樣的寫法並不常見，一般會將指數函數的反函數，改寫成 $y =$ 的對數函數形式。換言之，指數函數的反函數，就是對數函數。對數函數的寫法是，

$$y = \log_a x$$

　　其中 a 稱爲「對數的底」或「對數函數的底」。但當 a 等於 0 或 1 時，基於 $0^y = 0$ 及 $1^y = 1$，無論 y 是什麼數值，x 都只會是 0 或 1。再者，若 a 爲負數，會出現令人困擾的情況。例如，當 $a = -2$，

$$(-2)^1 = -2$$

$$(-2)^2 = 4$$

$$(-2)^3 = -8$$

　　正負會不斷變化。此外，若 y 是小數，x 就不會在實數的範圍內。例如 $y = 1.5$，會變成

$$
\begin{aligned}
(-2)^{1.5} &= (-2)^{\frac{3}{2}} \\
&= \{2 \times (-1)\}^{\frac{3}{2}} \\
&= \{2(\cos\pi + i\sin\pi)\}^{\frac{3}{2}} \\
&= \{2e^{i\pi}\}^{\frac{3}{2}} \\
&= 2^{\frac{3}{2}} e^{i\frac{3}{2}\pi} \\
&= \left(2^{\frac{1}{2}}\right)^3 \left(\cos\left(\frac{3}{2}\pi\right) + i\sin\left(\frac{3}{2}\pi\right)\right) \\
&= \left(\sqrt{2}\right)^3 (0 - i) = -2\sqrt{2}i
\end{aligned}
$$

若要限制題目範圍在實數之內，對數的底 a 必需符合 $a>0$ 及 $a\neq1$。並且基於 $x=a^y$，x 必須是正數。當 x 符合 $x>0$ 這個眞數條件，我們稱 $y=\log_a x$ 的 x 爲眞數。當對數的底 a 爲 10，我們會稱之爲常用對數。當對數的底 a 爲納皮爾常數 e，稱爲自然對數。

　　有指數函數 $y=a^x$ 及其反函數——對數函數 $y=\log_a x$，畫成圖則對稱於 $y=x$。當 $a=2$，圖如下所示。

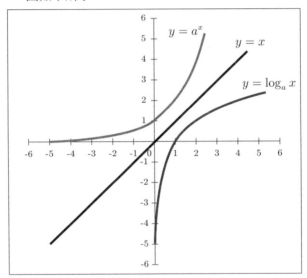

■ 指數函數與對數函數

對數函數的公式如下：

　(1) $\log_a 1 = 0$

　(2) $\log_a a = 1$

　(3) $\log_a (AB) = \log_a A + \log_a B$

　(4) $\log_a \left(\dfrac{A}{B} \right) = \log_a A - \log_a B$

　(5) $\log_a A^B = B \log_a A$

　(6) $\log_a A = \dfrac{\log_C A}{\log_C a}$　換底公式

6. (−1)× (−1) = 1 、即 借款×借款 = 存款

在我的記憶之中，中學數學學到負數時，數學老師說過「(−1)×(−1) =1，要好好記住」。不知何故，−1這個負數，在乘以−1時，會變成正數，當時覺得有點不可思議。若以日常生活的金錢為例，存款為正數，借款為負數，老師藉此引申出 借款×借款=存款，但我怎樣想也想不通。可是，我們可以用大學數學來說明。

請先想一下尤拉公式。

$$e^{i\theta} = \cos\theta + i\sin\theta$$

θ 等於 180 度（π 弧度）代入，得

$$
\begin{aligned}
e^{i180°} &= e^{i\pi}\\
&= \cos(180°) + i\sin(180°)\\
&= \cos(\pi) + i\sin(\pi)\\
&= -1 + i(0)\\
&= -1
\end{aligned}
$$

接著，再想一下複數乘法。乘以 −1，就是將被乘數的絕對值乘以−1的絕對值倍數，換言之，也就是 1 倍。角度就是加上 −1的幅角。原本 −1的幅角是 180 度（π 弧度）。

故 (−1)×(−1) 的複數乘法，如下計算：

$$
\begin{aligned}
(-1) \times (-1) &= e^{i180°} \times e^{i180°}\\
&= e^{i\pi} \times e^{i\pi}\\
&= e^{i(180°+180°)}\\
&= e^{i(\pi+\pi)}\\
&= e^{i360}\\
&= e^{i2\pi}\\
&= \cos(360°) + i\sin(360°)\\
&= \cos(2\pi) + i\sin(2\pi)\\
&= 1 + i \times (0)\\
&= 1
\end{aligned}
$$

換言之，在數學的世界中，−1並非借款，而是角度爲180度（π弧度）、絕對值爲1的數字。當它自乘兩次，就會變成絕對值爲1、360度（2π弧度）的數字。而360度（2π弧度）則等於0度（0弧度），因此就變成1。

CHAPTER 07

第 **7** 章

複數在工程學中的
應用

明明向她告白，她竟然當作沒事！

女王大人眞了不起，如此高高在上。

不是吧，冰室小姐可能誤會了。

她大概只是認爲，我的喜歡意思是要努力學習。

原來如此……

這樣可能說得過去，以我的經驗，這種絕對值算是很罕見。

嗯

我還是在最後一節課結束時，

再向她告白看看吧。

你長大了，優太！

拍肩

好吧！我來爲你準備失戀趴！

數學系研究室
冰室研究室

午安！

啊

你怎麼了？

不，沒什麼…

心理準備還不足…

那麼

你先說吧，請。

我想…這是最後一節課吧。

是的，我會教給你所有虛數和複數所必備的知識。

覺悟吧。

一想到這是最後…有點難過呢。

搖晃…

喀啦

這就是今天的課程。

我拉

碰

冰室小姐，危險啊！

沒撞到吧？

謝謝你…

那、那麼，現在開始最後一課！！

沒問題的，只要和平常一樣…一切正常。

今天冰室小姐有點奇怪…

最後的最後了，要努力啊！

知道了！

166

理工科系的學生一定要學會複數，原因就在於…

為了要簡化運算。

你一開始就說過這樣的話。

$$Ri(t)+L\frac{di(t)}{dt}=\sqrt{2}\,V_m\sin(\omega t) \rightarrow R\dot{I}+j\omega L\dot{I}=\dot{V}$$

計算電流值的微分方程式 → 用複數來計算電流值的代數方程式

若使用複數，波動的微分方程式，就能代換成代數方程式以求解。

將乘以 $\sqrt{2}$ 倍的正弦波，轉換成複數 $\dot{V}$，就能以實效值來表示。

實效值請參見第 193 頁

左邊的微分方程式，要求解的話，好像很複雜。

高深的數學知識，往往會帶來繁複的運算，

右邊像是 $ax+b=0$ 的方程式，卻可以快速解出來。

1. 交流電路

接著讓我們看看實際的交流電路。

家用電插座提供的是 100V 交流電壓。

插上插頭，試求有多少電流經過此電路。

還真實際呢。

在實際生活中，如果沒有經過估計，萬一造成斷路器切斷電力供應，就麻煩了。

DOWN

讓太多電流經過，會產生高熱，還可能會發生火災。

將洗衣機插頭插入插座時，

你知道是與洗衣機內的什麼連結嗎？

換洗衣物！！

不對，是電動機！

這不是猜謎遊戲

電動機

電流會經過電動機中的線圈，線圈兩端的電位差以 V_L 表示，

$$V_L = L \frac{di(t)}{dt}$$

這就是電位的微分方程式

注意，這裡的 i 不是虛數，而是電流。

電流

i 虛數

這個式子是從實驗得來，意義如下。

交流電的電流，隨著時間變化，故電流 i 可視作時間 t 的函數。

$= L \frac{di(t)}{dt}$

乘以電感 L 便等於電位差 V_L。

電感是什麼？

這個詞有點難懂。

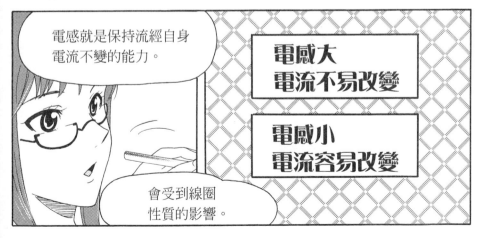

電感就是保持流經自身電流不變的能力。

電感大
電流不易改變

電感小
電流容易改變

會受到線圈性質的影響。

線圈是由電線捲成，

電線本身有很小的電阻（防止電流通過的能力）。

線圈
Coil

$$V_R = Ri(t)$$

R（電阻 Resistance 的首字母）是電阻，以 V_R 表示電阻兩端的電位差，這個公式就是歐姆定律。

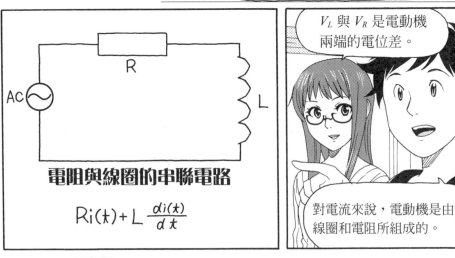

V_L 與 V_R 是電動機兩端的電位差。

R

AC

L

電阻與線圈的串聯電路

$$Ri(t) + L\frac{di(t)}{dt}$$

對電流來說，電動機是由線圈和電阻所組成的。

接著要說明交流電源。

嗯

交流電源是電壓和電流會隨時間改變的電源。

以圖表示家用交流電。

看見這些波形，你會想到什麼？

正弦曲線嗎？

正確。

電壓

電流

時間 t[ms]

交流電壓 $\sqrt{2}\ V_m \sin(\omega t)$

交流電流 $\sqrt{2}\ I_m \sin(\omega t + \varphi)$

家用電源的電壓和電流，都可以用 sin 函數來表示。

V_m **電壓的有效值**（家用電源最大值為 141.42V，有效值為 100V）

I_m **電流的有效值**

ω **角頻率** **角速度以** $2\pi f$ **表示**

（東日本的家用電源頻率 f **為** 50Hz

因此 $\omega = 2\pi f = 2\pi \times 50 = 100\pi = 314.159$ [rad/s] *radian per second*）

（西日本的家用電源頻率 f **為** 60Hz，

因此 $\omega = 2\pi f = 2\pi \times 60 = 120\pi = 376.99$ [rad/s]）

φ **相位差** **電壓波形與電流波形的相位差**

要學的東西還真多…

有點頭暈

只要記住電壓和電流都是隨著時間變化的正弦曲線。

其他則視作常數即可。

那麼，讓我們用數學式來表現，將線圈和電阻組成的電動機插入插座。

$$Ri(t) + L\frac{di(t)}{dt} = \sqrt{2}\,V_m \sin(\omega t)$$

這是電動機兩端的電位差。

乍看之下很複雜的微分方程式，原來就是這樣得來的。

$$Ri(t) + L\frac{di(t)}{dt} = \sqrt{2}\,V_m \sin(\omega t)$$

正是如此。

若要求得流經此電路的電流，便要從式子裡解出 $i(t)$

2. 複數在工程學中的應用

我們來用複數把這個式子轉換成代數方程式吧！

我很期待！

首先，用複數表示交流電壓。

$$\frac{i(t)}{dt} = \sqrt{2}\,V_m \sin(\omega t)$$

是 $\sqrt{2}V_m \sin(\omega t)$ 這個部分呢。

在進行複數轉換時，由於是以有效值來表示，因此可以暫時省略 $\sqrt{2}$。

你還記得尤拉公式吧。

當然記得！

$$e^{i\theta} = \cos\theta + i\sin\theta$$

虛數 *i* 容易和電流混淆，這裡改用 *j* 來表示虛數。

將尤拉公式和 $V_m \sin(\omega t)$ 寫在一起。

$$e^{j\theta} = \cos\theta + j\sin\theta$$

$$V_m \sin(\omega t)$$

你把 sin 對齊，好像有特別用意喔。

當然！接下來是重點。

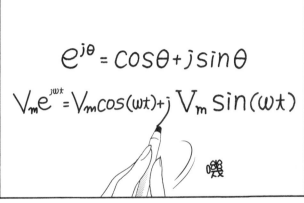

$$e^{j\theta} = \cos\theta + j\sin\theta$$

$$V_m e^{j\omega t} = V_m \cos(\omega t) + j V_m \sin(\omega t)$$

嘰

配上實部，可以視 $V_m \sin(\omega t)$ 為 $V_m e^{j\omega t}$ 的虛部。

如此轉換成複數，微分和積分會變簡單。

這、這看起來像是隨便寫的！？

有必要這麼驚訝嗎？

最後只要捨去實部，提出虛部，便能得到相同結果。

這真的沒問題嗎⋯

配對也太隨便～

尤拉不會生氣嗎？

想一想，到目前為止，複數運算實部和虛部從沒有隨便搭配啊！

雖然如此⋯真的會這麼容易嗎？

這才是數學有趣的地方啊！

好不容易轉換成複數，電壓以 $\dot{V}$ 表示。

$$\dot{V} = V_m e^{j\omega t}$$

在 V 上面加上一點代表複數的意思。

$$R\,i(t) + L\frac{di(t)}{dt} = \sqrt{2}\,V_m \sin(\omega t)$$

電流 $i(t)$ 也以相同方式改寫成複數。

$$\sqrt{2}\,I_m \sin(\omega t + \varphi)$$

這裡的 I_m 是指電流的有效值，而非指虛部 I_m

交流電流如右上所示。

正如交流電壓一樣，可將它視為 $I_m e^{j(\omega t + \varphi)}$ 的虛部，依照複數的方式來處理。

174

這個就由優太你來把它化作 $\dot{i}$ 吧。

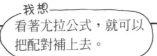

我想──

看著尤拉公式,就可以把配對補上去。

$$e^{j\theta} = \cos\theta + j\sin\theta \quad 尤拉公式$$

$$\dot{i} = I_m e^{j(\omega t + \varphi)} = I_m \cos(\omega t + \varphi) + j\, I_m \sin(\omega t + \varphi)$$

把 $\dot{i}$ 套進去。

做得不錯。

那麼試試看,原式用 $\dot{v}$ 和 $\dot{i}$ 改寫之後會變成怎樣。

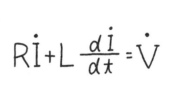

$$R\dot{i} + L\frac{d\dot{i}}{dt} = \dot{v}$$

變得非常簡潔呢

麻煩的只剩下微分的部分。

再來是消去微分的部分。

既然電流已經改寫成複數 $\dot{i}$,就要善加利用 e^x 的微分特性!

冰室小姐!?

興奮不已

換言之,e^x 的特性也可以應用在尤拉公式中!

進一步來說，利用尤拉公式，你想改寫成再多複數都行！

一進入數學，整個人都變了。

請問⋯e 是納皮爾常數嗎？

莫非你已經忘記了！？

e^x 無論如何微分、積分都不會改變，

⋯就像這樣

很好。

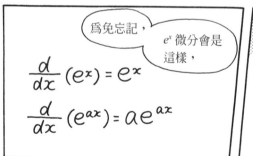

納皮爾常數 $e = 2.718281828\cdots$

※請參見第 102 頁

為免忘記，e^x 微分會是這樣，

$$\frac{d}{dx}(e^x) = e^x$$

$$\frac{d}{dx}(e^{ax}) = ae^{ax}$$

那麼，先轉換這個微分項，

$$L\,\frac{di}{dt}$$

$$\dot{i} = I_m e^{j(\omega t + \varphi)}$$

$\dot{i}$ 之中有 e^x 呢。

由於 I_m 是常數，所以能從微分 $\dfrac{d}{dt}$ 中提出。

$$L\frac{di}{dt} = L\frac{d}{dt}\left(I_m e^{j(\omega t+\varphi)}\right) = LI_m\frac{d}{dt}\left(e^{j(\omega t+\varphi)}\right)$$

變成了微分 e^x 的樣子呢。

看起來雖然很複雜，但這裡只有時間 t 是變數，其餘都是常數。

那就提出微分的部分來計算。

$$\frac{d}{dt}\left(e^{j(\omega t+\varphi)}\right) = \frac{d}{dt}\left(e^{j\omega t}e^{j\varphi}\right) = \frac{d}{dt}\left(e^{j\omega t}\right)e^{j\varphi} = j\omega e^{j\omega t}e^{j\varphi} = j\omega e^{j(\omega t+\varphi)}$$

故， 　　　　　　　　　　　　　　**常數**

$$L\frac{di}{dt} = LI_m\frac{d}{dt}\left(e^{j(\omega t+\varphi)}\right) = LI_m j\omega e^{j(\omega t+\varphi)} = j\omega LI_m e^{j(\omega t+\varphi)}$$

將數學式變形，消去微分的項。

原來如此

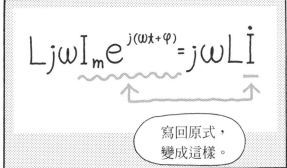

$$Lj\omega I_m e^{j(\omega t+\varphi)} = j\omega L\dot{I}$$

寫回原式，變成這樣。

就這樣，消去了微分的部分…

沒錯。

令人期待的數學式終於大功告成。

$$R\dot{I} + j\omega L\dot{I} = \dot{V}$$

終於變成這條數學式了…超級感動！

冰室小姐謝謝你！

要感謝就感謝複數吧！

因爲運用複數，電流和電壓可以簡單的數學式來處理。

複數

謝謝你，複數！

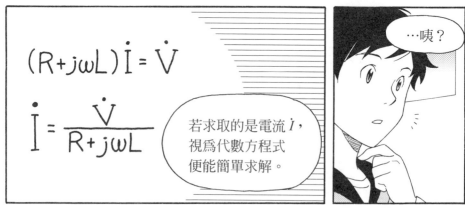

$$(R + j\omega L)\dot{I} = \dot{V}$$

$$\dot{I} = \frac{\dot{V}}{R + j\omega L}$$

若求取的是電流$\dot{I}$，視爲代數方程式便能簡單求解。

…咦？

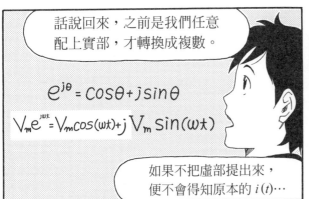

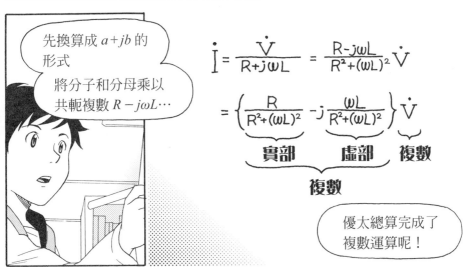

接著，試求 $\dot{I}$ 的絕對值 $|\dot{I}|$。

首先，對兩個複數的積求絕對值，也就是分別對絕對值求積，即 $|\dot{Z_1}\dot{Z_2}| = |\dot{Z_1}||\dot{Z_2}|$，

$$
\begin{aligned}
\left|\dot{I}\right| &= \sqrt{\left\{\frac{R}{R^2 + (\omega L)^2}\right\}^2 + \left\{\frac{\omega L}{R^2 + (\omega L)^2}\right\}^2}\left|\dot{V}\right| \\
&= \sqrt{\frac{R^2 + (\omega L)^2}{\left\{R^2 + (\omega L)^2\right\}^2}}\left|V_m e^{j\omega t}\right| \\
&= \sqrt{\frac{1}{R^2 + (\omega L)^2}}V_m\left|e^{j\omega t}\right| \\
&= \sqrt{\frac{1}{R^2 + (\omega L)^2}}V_m\sqrt{\cos^2(\omega t) + \sin^2(\omega t)} \\
&= \frac{V_m}{\sqrt{R^2 + (\omega L)^2}}\sqrt{1} \\
&= \frac{V_m}{\sqrt{R^2 + (\omega L)^2}}
\end{aligned}
$$

很清楚。可是仔細看原式，由於 $\left|\dfrac{\dot{Z_2}}{\dot{Z_1}}\right| = \dfrac{|\dot{Z_2}|}{|\dot{Z_1}|}$，其實需要計算的只是分母的絕對值，運算會變得更簡單，

$$
\begin{aligned}
\left|\dot{I}\right| &= \left|\frac{\dot{V}}{R + j\omega L}\right| \\
&= \frac{\left|\dot{V}\right|}{\sqrt{R^2 + (\omega L)^2}} \\
&= \frac{V_m}{\sqrt{R^2 + (\omega L)^2}}
\end{aligned}
$$

果然更簡單，早點教我這個方法就好了！

不好意思，我原本是想趕快教你。那麼，接著請求幅角，

幅角 $\angle \dot{Z} = \tan^{-1}\left(\dfrac{\text{虛部}}{\text{實部}}\right)$ …是這樣呢

$$\angle \dot{I} = \tan^{-1}\left(\dfrac{\dfrac{-\dot{V}\omega L}{R^2 + (\omega L)^2}}{\dfrac{\dot{V}R}{R^2 + (\omega L)^2}}\right)$$

$$= \tan^{-1}\left(\dfrac{-\omega L}{R}\right)$$

$$= -\tan^{-1}\left(\dfrac{\omega L}{R}\right)$$

這個也做得很好。可是幅角也能按原式更簡單地求出

$$\angle \dot{I} = \angle\left(\dfrac{\dot{V}}{R + j\omega L}\right)$$

$$= \angle \dot{V} - \angle(R + j\omega L)$$

$$= 0 - \tan^{-1}\left(\dfrac{\omega L}{R}\right)$$

$$= -\tan^{-1}\left(\dfrac{\omega L}{R}\right)$$

$\angle \dot{V} = 0$ 嗎？

是的，在原式中，電壓是 $V_m \sin(\omega t)$。和電流的數學式不同，sin 函數中並沒有 $+\phi$。因此，可視與 ωt 相位差為 0。

接著，在這裡提出虛數部分備用，

$$\dot{I} = |\dot{I}|e^{j\angle \dot{I}}$$

試回想複數的指數表示法。用前面求得的絕對值與幅角，改寫成指數表示法。

用複數來表示
電流，變成
$\dot{I}=I_m e^{j(w\omega t+\phi)}$

$$\dot{I}=I_m e^{j(\omega t+\varphi)}=|\dot{I}|e^{j(\omega t+\angle\dot{I})}=|\dot{I}|e^{j\omega t}e^{j\angle\dot{I}}$$

$$=\frac{V_m}{\sqrt{R^2+(\omega L)^2}}e^{j\omega t}e^{j\left(-\tan^{-1}\left(\frac{\omega L}{R}\right)\right)}=\frac{V_m}{\sqrt{R^2+(\omega L)^2}}e^{j\left(\omega t-\tan^{-1}\left(\frac{\omega L}{R}\right)\right)}$$

在這式中，
$|\dot{I}|=I_m$ 及 $\angle\dot{I}=\phi$，
因此電流的數學式
便成為：

這個數學式…把我
搞得頭昏腦脹。

還差一點點，
在此要套入尤
拉公式寫成 cos
和 sin 的和。

尤拉公式
$e^{j\theta}=\cos\theta+j\sin\theta$ 套入

哇！
把實部和虛部
分開了。

$$\frac{V_m}{\sqrt{R^2+(\omega L)^2}}\cos\left(\omega t-\tan^{-1}\left(\frac{\omega L}{R}\right)\right)+j\frac{V_m}{\sqrt{R^2+(\omega L)^2}}\sin\left(\omega t-\tan^{-1}\left(\frac{\omega L}{R}\right)\right)$$

實部　　　　　　　　　　　　　　**虛部**

捨去實部，只取虛部，就是 $i(t)$。

若以複數表示，考慮的是有效值，
而最大值是它的 $\sqrt{2}$ 倍

因此…

$$i(t)=\sqrt{2}\frac{V_m}{\sqrt{R^2+(\omega L)^2}}\sin\left(\omega t-\tan^{-1}\left(\frac{\omega L}{R}\right)\right)$$

這就是電流 $i(t)$ 的
答案！

正是，式中的正弦
曲線，就是交流電
的波形。

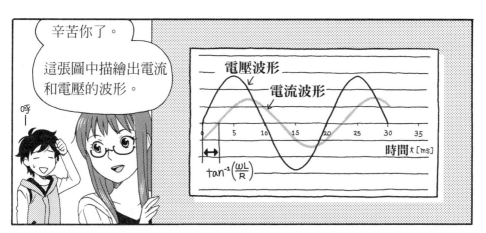

辛苦你了。

這張圖中描繪出電流和電壓的波形。

呼—

電壓波形

電流波形

時間 t [ms]

$tan^{-1}\left(\dfrac{\omega L}{R}\right)$

看來電壓比電流走得慢。

的確。

電壓波形

$v(t) = \sqrt{2}\, V_m \sin(\omega t)$

電流波形

$i(t) = \sqrt{2}\, \dfrac{V_m}{\sqrt{R^2 + (\omega L)^2}}\, \sin\left(\omega t - tan^{-1}\left(\dfrac{\omega L}{R}\right)\right)$

電流波形可顯示在 sin 函數中的
$\omega t - tan^{-1}\left(\dfrac{\omega L}{R}\right)$，
比起電壓波形的 ωt 慢了
時間 $tan^{-1}\left(\dfrac{\omega L}{R}\right)$。

是~

再將這波形與複數的極座標比較。

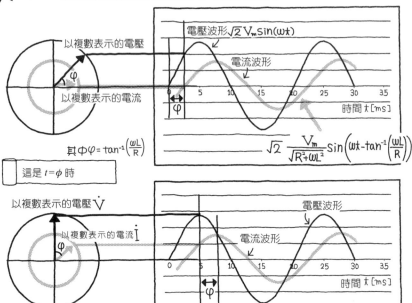

以複數表示的電壓

φ

以複數表示的電流

其中 $\varphi = \tan^{-1}\left(\dfrac{\omega L}{R}\right)$

電壓波形 $\sqrt{2}\,V_m \sin(\omega t)$

電流波形

$$\sqrt{2}\,\frac{V_m}{\sqrt{R^2+\omega L^2}}\sin\left(\omega t-\tan^{-1}\left(\frac{\omega L}{R}\right)\right)$$

時間 t [ms]

這是 $t=\varphi$ 時

以複數表示的電壓 $\dot{V}$

以複數表示的電流 $\dot{I}$

電壓波形

電流波形

時間 t [ms]

接著是 $t=5$ ms 時

（右圖電壓波形的最大值是 $\sqrt{2}V_m$，而在左圖以複數表示的電壓中，絕對值是 V_m，因此左右圖縱軸的尺寸比例並不一致，請注意。）

電壓和電流都是實際存在的數值，拿來和複數的虛軸比較，沒有問題嗎？

請放心，實際的電壓和電流都是虛部的 $\dot{V}$ 和 $\dot{I}$，實部是對應的配對，只有虛部才是實際的數值。

原來如此。

虛數還有這層意義呢。

這就是複數在工程學中的應用重點。

在複數的領域中進行運算，能使運算變得更簡單。

再來一例，是電阻與電容的串聯電路！

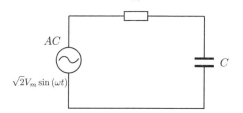

 這就是電路圖。

 這個電路可以下式表示，

$$Ri\left(t\right) + \frac{1}{C}\int i\left(t\right)dt = \sqrt{2}V_m\sin\left(\omega t\right)$$

 這一次不是微分，而是積分呢…

 e^x 在積分時不會改變，就像這樣，

$$\int e^{ax}dx = \frac{1}{a}e^{ax}\quad\text{（省略積分常數）}$$

 詳細展開式先略過，這裡就是要像前面線圈的數學式一樣，將微分部分的 $\left(\dfrac{d}{dt}\right)$ 代換成 $j\omega$，將積分部分代換成 $\dfrac{1}{j\omega}$

 那麼，試利用 $\dot{V}$ 和 $\dot{I}$，將這個電路的數學式，代換成代數方程式，

$$R\dot{I} + \frac{1}{j\omega C}\dot{I} = \dot{V}$$

 就是這樣！

 做得很棒！

試解此代數方程式。

$$\left(R + \frac{1}{j\omega C}\right)\dot{I} = \dot{V}$$

$$\dot{I} = \dot{V}\frac{1}{R + \dfrac{1}{j\omega C}}$$

$$= \dot{V}\frac{1}{R + \dfrac{1}{j\omega C}}\left(\frac{j\omega C}{j\omega C}\right)$$

$$= \dot{V}\frac{j\omega C}{j\omega CR + 1}$$

$$= \dot{V}\frac{j\omega C}{1 + j\omega CR}\left(\frac{1 - j\omega CR}{1 - j\omega CR}\right)$$

$$= \dot{V}\frac{j\omega C - j^2\omega^2 C^2 R}{1 + \omega^2 C^2 R^2}$$

$$= \dot{V}\frac{j\omega C - (-1)\omega^2 C^2 R}{1 + \omega^2 C^2 R^2}$$

$$= \dot{V}\frac{j\omega C + \omega^2 C^2 R}{1 + \omega^2 C^2 R^2}$$

$$= \dot{V}\frac{\omega^2 C^2 R + j\omega C}{1 + \omega^2 C^2 R^2}$$

 中間要做分子分母乘以共軛複數 $1 - j\omega CR$ 的數學式變換。

 那麼,像前面一樣,求複數 $\dot{I}$ 的絕對值 $|\dot{I}|$ 與幅角 $\angle \dot{I}$。

分數含有複數，在求絕對值時，要想到如何轉換成極座標的形式。

$$\left|\dot{Z}\right| = \left|\frac{a+jb}{c+jd}\right|$$

$$= \left|\frac{\sqrt{a^2+b^2}\,e^{j\theta_1}}{\sqrt{c^2+d^2}\,e^{j\theta_2}}\right|$$

$$= \left|\frac{\sqrt{a^2+b^2}}{\sqrt{c^2+d^2}}\right|\left|\frac{e^{j\theta_1}}{e^{j\theta_2}}\right|$$

$$= \left|\frac{\sqrt{a^2+b^2}}{\sqrt{c^2+d^2}}\right|\left|\frac{\cos\theta_1+j\sin\theta_1}{\cos\theta_2+j\sin\theta_2}\right|$$

$$= \left|\frac{\sqrt{a^2+b^2}}{\sqrt{c^2+d^2}}\right|$$

$$\because |\cos\theta_1+j\sin\theta_1| = \sqrt{(\cos\theta_1)^2+(\sin\theta_1)^2} = 1$$

$\theta_1 = \tan^{-1}\dfrac{b}{a}$。$\theta_2$ 以相同方法可得。

 嗯，原來如此。

 那麼，接著請計算 $|\dot{I}|$。

 套入前面的數學式…

$$|\dot{I}| = \left|\dot{V}\frac{j\omega C}{1+j\omega CR}\right| = \frac{\omega C}{\sqrt{1+\omega^2 C^2 R^2}}V_m$$

其中，$|\dot{V}| = V_m$

 完成了。

 直接把 $|j\omega C| = \omega C$ 呢。

好，那麼，接著是幅角 $\angle \dot{I}$。

含有複數的分數，其幅角（相位角）會變成這樣，

$$
\begin{aligned}
\angle \dot{Z} &= \angle \left(\frac{a+jb}{c+jd} \right) \\
&= \angle \left(\frac{\sqrt{a^2+b^2}\,e^{j\theta_1}}{\sqrt{c^2+d^2}\,e^{j\theta_2}} \right) \\
&= \angle \left(\frac{\sqrt{a^2+b^2}}{\sqrt{c^2+d^2}}\,e^{j(\theta_1-\theta_2)} \right) \\
&= \theta_1 - \theta_2 \\
&= \angle (a+jb) - \angle (c+jd) \\
&= \tan^{-1} \left(\frac{b}{a} \right) - \tan^{-1} \left(\frac{d}{c} \right)
\end{aligned}
$$

就依照同樣的方法來計算吧。

$$
\begin{aligned}
\angle \dot{I} &= \angle \left(\frac{j\omega C}{1+j\omega CR} \right) \\
&= \tan^{-1} \left(\frac{虛數}{實數} \right) \\
&= \tan^{-1} \left(\frac{\dfrac{\omega c}{1+\omega^2 C^2 R^2}}{\dfrac{\omega^2 C^2 R^2}{1+\omega^2 C^2 R^2}} \right) \\
&= \tan^{-1} \left(\frac{1}{\omega CR} \right)
\end{aligned}
$$

或者，由於它是分子的幅角－分母的幅角

$$
\begin{aligned}
\angle \dot{I} &= \angle (j\omega c) - \angle (1+j\omega cR) \\
&= \frac{\pi}{2} - \tan^{-1} (\omega cR)
\end{aligned}
$$

（$\because j\omega C$ 只有虛部，是位在虛軸上的點，幅角是 $\dfrac{\pi}{2}$）

完成了！

你的幅角也計算正確，太棒了。那麼，接下來是總結。

與電壓的情況相同，由於複數的絕對值，表示有效值，實際的波形是 $\sqrt{2}$ 倍。

$$i\left(t\right) = \sqrt{2}\,\frac{\omega C}{\sqrt{1+\omega^2 C^2 R^2}}\,V_m \sin\left(\omega t + \tan^{-1}\left(\frac{1}{\omega CR}\right)\right)$$

這就是代表電流波形的數學式。

此電路的電壓和電流，如下圖所示。

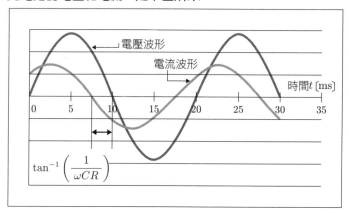

這次電壓波形，比電流波形出現得早呢。

電壓波形　$v\left(t\right) = \sqrt{2}V_m \sin\left(\omega t\right)$

電流波形　$i\left(t\right) = \sqrt{2}\,\dfrac{\omega C}{\sqrt{1+\omega^2 C^2 R^2}}\,V_m \sin\left(\omega t + \tan^{-1}\left(\dfrac{1}{\omega CR}\right)\right)$

沒錯。電流波形的數學式中，不是有 $\omega t + \tan^{-1}\left(\dfrac{1}{\omega CR}\right)$ 嗎？

比起電壓波形的 ωt，相位超前了 $\tan^{-1}\left(\dfrac{1}{\omega CR}\right)$

■ 表格　電壓和電流的實際數學式，與複數數學式

實際波形的數學式（含時間 t）	複數的數學式（不含時間 t）
電壓：$\sqrt{2}V_m \sin(\omega t)$、 　　　$\sqrt{2}V_m \sin(\omega t + \theta_1)$ 等 　　　V_m 是有效值	電壓：$\dot{V} = V$（相位 0）及 　　　$\dot{V} = a + jb = \lvert V \rvert e^{j\theta_1} = V_m e^{j\theta_1}$ 　　　$= \lvert \dot{V} \rvert \angle \theta_1 = V_m \angle \theta_1$ a 和 b 是實數、j 為虛數、 相位 θ_1、絕對值是有效值
電流：$\sqrt{2}I_m \sin(\omega t + \theta_1)$ 等、 　　　I_m 為有效值	電流： $\dot{I} = c + jd = \lvert \dot{I} \rvert e^{j\theta_2} = I_m e^{j\theta_2}$ 　$= \lvert \dot{I} \rvert \angle \theta_2 = I_m \angle \theta_2$ c 和 d 是實數、j 為虛數、 相位 θ_2、絕對值是有效值
電阻：R [Ω]（歐姆） 電感：L [H]（亨利） 電容：C [F]（法拉）	電阻：R [Ω]（歐姆） 電感：L [H]（亨利） 電容：C [F]（法拉）
$\dfrac{d}{dt}$（時間微分）	$j\omega$
$\displaystyle\int dt$（時間積分）	$\dfrac{1}{j\omega}$
包括波形大小（振幅）、角頻率 $\omega = 2\pi f$、時間 t、角度（相位角）θ_1、微分和積分等等的數學式。	只包括複數的絕對值（絕對值）＝有效值和複數的相位角（幅角 θ_1 和 θ_2）。時間項（ωt、$\dfrac{d}{dt}$、$\displaystyle\int dt$）並不存在。

　　此表中的複數數學式，只限於電壓波形和電流波形為正弦曲線的情形。若電壓波形是三角波或方形波，則不能使用複數的數學式。

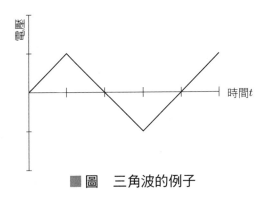

■ 圖　三角波的例子

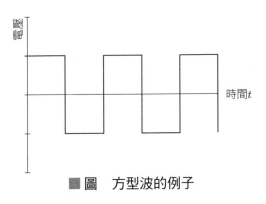

■ 圖　方型波的例子

將截至目前為止我們所學到的，做個總結。

1 含有微分和積分的困難數學式？

2 轉換成複數，消去角頻率和時間（在此暫時忽略）絕對值是有效值

3 解代數方程式，計算複數的絕對值與幅角。

4 回到含有角頻率和時間的實際波形（實際波形的最大值是有效值的 $\sqrt{2}$ 倍）

5 解出微分和積分的困難數學式，求得表示波形的數學式。

在交流電路中，表示波形的數學式，包括時間微分（$\dfrac{d}{dt}$）、時間積分（$\displaystyle\int dt$）等複雜的代號。

所以要轉換成複數。

這樣一來，就能略過角頻率和時間，用代數方程式簡單地計算出來。

然後再回到最初…

是的，透過複數的計算，就能解開含有微分和積分的困難數學式。

這就是複數的威力！

3. 家用電壓的有效值

日本家用電源的電壓是 100 V，可是最大電壓值卻是 $\sqrt{2} \times 100 = 141.42$ [V]，那麼 100 V 到底是什麼意思？就是有效值。有效值 100 V 的交流電壓，在功能上與 100 V 的直流電壓相同。換言之，相同的電阻接上 100 V 的直流電壓，和接上 100 V 的交流電壓，兩者所產生的熱量相同。打個比方，用透過電阻產生的熱，去煮沸相同份量的水，則直流 100 V 的熱量能煮沸，交流 100 V 也能煮沸，而且所需時間相同。

4. 正弦波 (sin) 的相位關係

若電源為家用交流電壓來源（正弦波形），電壓和電流的波形會有時間差距。換言之，電壓的波形出現較早，而電流的波形則出現較遲。現在來說明什麼叫做波形會較遲出現。

在電阻和電容的串聯電路中，若電壓源為 $\sqrt{2}V_m \sin(\omega t)$，電流則是，

$$i(t) = \sqrt{2}\frac{\omega C}{\sqrt{1 + \omega^2 C^2 R^2}} V \sin\left(\omega t + \tan^{-1}\left(\frac{1}{\omega CR}\right)\right)$$

以正弦波（sin）和複數座標來表示，如下圖所示。若時間為 0，電壓波形的大小就是 0，可是，電流波形的大小卻不是 0。

電流波形的相位會超前 $\phi = \tan^{-1}\left(\frac{1}{\omega CR}\right)$。在這個複數式中，以複數表示的電流，會超前以複數表示的電壓，即在逆時針方向超前，這個狀態表示，電流波形相對於電壓波形有相位超前的情形。

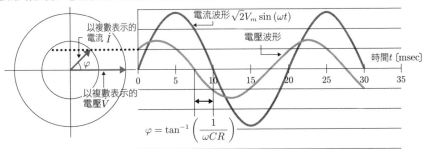

■ 圖　電阻和電容的串聯電路中，電壓波形和電流波形

認識了前頁的圖之後，再經過 5 秒，會得到另一圖，如下所示。電壓波形到達最大值，在以複數表示的電壓中，是朝正上方，而以複數表示的電流卻超前相位，在逆時針方向的角度超前。

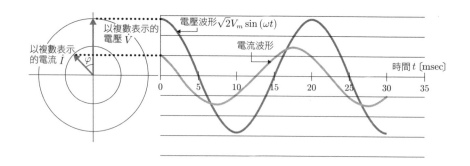

下圖是再經過 7.5 秒。以複數表示的電壓，跑到第三象限，而以複數表示的電流，則朝正下方。可見相對於電壓波形，電流波形仍有相位超前的情形。

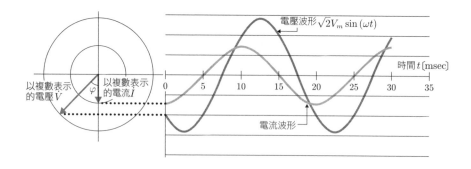

在工程學中，兩個波形的相位前後關係，有必要仔細說明。當考慮正弦波的最大值，電流波形是在電壓波形的右邊，但電壓波形會較早出現。但是，我們從小學習數線，知道數線愈右愈大，影響我們對於電壓波形會比電流波形較晚出現的思考。但若考慮以複數來表示，需依逆時針方向來判斷何者會較早出現，便不會有問題。

這裡的說明以電壓波形爲基準，電流波形會較早出現。當然，也可視爲以電流波形爲基準，電壓波形會較遲出現。採用不同基準，便會得出不同結果，這種現象很常見。

例如，A先生和B先生兩人在賽跑，他們的位置關係如下圖所示，

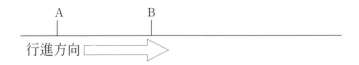

若行進方向為向右，在A先生看來，B先生是超前（較A先生先行）。而在B先生看來，A先生是落後（跟在B先生後面）。不同的相對位置，可以是超前，也可以是落後。

正弦波的相位超前以及落後，需要加以分辨，因此，請務必多練習一些問題，讓自己習慣。

談到交流電，通常會以電壓為基準，來思考電流的相位關係。這是因為，在日常生活中，電源較多為保持固定電壓的電源，電池也是一種保持固定電壓的電源。電壓源（電池）的兩端不連接任何電路時（呈開路狀態），沒有電流經過，電壓源兩端保持固定。斷路時由於沒有電流經過，就算作用不太，也有良好效率。

可是，電流源為了保持固定電流，在開路時電流會下降到0，但由於要保持一定的電流，兩端的電壓會上升至極限。因此，縱使電流源是在開路狀態，兩端電壓仍會上昇，這時若我們身體有接觸，便會產生危險。此外，在大多數包含電壓源、電流源和電阻的電路中，只有在少數情況下才會考慮除去電流源。在此時，除掉電流源的電路中會考慮的是共振（測量電流值）。除去電流源是透過讓電流源兩端短路（以導線連接）來實現，但若如此任由電流無意義地流通，效率會很差。

由於這個緣故，家用多為保持固定電壓的電壓源（使用電流源的情況偶而才會發生）。家用與商用電源，都是保持一定的有效值100V，並以連接物的電阻值（由於是交流電，正確來說應該是電感）來改變電流的電源。因此，在電路中大多是以電壓的相位為基準，來比較電流的相位是超前還是落後。

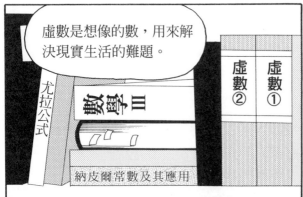

虛數是想像的數，用來解決現實生活的難題。

尤拉公式

數學 III

虛數 ②

虛數 ①

納皮爾常數及其應用

你說得很好，正是如此。

那麼，虛數和複數都沒問題了吧！

我的講課就到此為止。

非常感謝你！

冰室小姐？那個…

等一下。

如果換成是我，我做不到…

沒問題的！

冰室小姐擁有無比的笑容，你絕對沒問題的！

絕對！

附錄 練習題

問題 1　試簡化下列各式，i 為虛數。

(1)　$\left(-\dfrac{1}{2} + \dfrac{\sqrt{3}\,i}{2} \right)^{12} =$

(2)　$\left(\cos \dfrac{\pi}{9} + i \sin \dfrac{\pi}{9} \right) \left(\cos \dfrac{7\pi}{18} + i \sin \dfrac{7\pi}{18} \right) =$

(3)　$\left(\cos \dfrac{2\pi}{15} + i \sin \dfrac{2\pi}{15} \right) \div \left(\cos \dfrac{4\pi}{5} + i \sin \dfrac{4\pi}{5} \right) =$

(4)　$\theta = 20°$，$\dfrac{(\cos \theta + i \sin \theta)(\cos 7\theta + i \sin 7\theta)}{\cos 5\theta + i \sin 5\theta} =$

問題 2　以複數表示下列電壓的瞬間值（時間函數），i 代表虛數，請化 $e^{i\omega t}$ 為一般式（不以指數表示的極座標）。

(1)　$v = \sqrt{2} \sin (\omega t)$

(2)　$v_1 = \sqrt{2}\, 50 \sin \left(\omega t + \dfrac{\pi}{3} \right)$

(3)　$v_2 = \sqrt{2}\, 100 \sin \left(\omega t - \dfrac{\pi}{6} \right)$

(4)　$v_3 = \sqrt{2}\, 200 \cos \left(\omega t - \dfrac{\pi}{4} \right)$

問題 3 將下式電壓 $v_1 + v_2$ 先以三角函數的複角公式化至最簡的 sin 函數，結果是①。然後再將 v_1 和 v_2 各自轉換成複數，相加後轉換回 sin 函數，結果是②。比較兩個結果。

$$v_1 = 3\sqrt{2}\sin\omega t, \quad v_2 = 4\sqrt{2}\sin\left(\omega t + \frac{\pi}{3}\right)$$

①應用複角公式的計算

$$v_1 + v_2 = 3\sqrt{2}\sin\omega t + 4\sqrt{2}\sin\left(\omega t + \frac{\pi}{3}\right) =$$

②轉換成複數後相加，再轉換回 sin 函數的計算

$$\dot{V}_1 + \dot{V}_2 =$$

$$v_1 + v_2 =$$

問題 4 求三個阻抗 $\dot{Z}_1 = 2 + 3j, \dot{Z}_2 = 1 + 9j, \dot{Z}_3 = 4 - 7j$ 串聯而成的合成阻抗 $\dot{Z}_s$ 及合成導納 $\dot{Y}_s$，並計算其絕對值與幅角。其中阻抗是交流電路中以複數表示的電壓和電流 $\left(\dfrac{\dot{V}}{\dot{I}}\right)$ 的比，導納是阻抗的倒數。而在串聯時，合成阻抗是分別阻抗的總和。j 表示虛數。

$$\overline{\quad\boxed{\dot{Z}_1}\!-\!\boxed{\dot{Z}_2}\!-\!\boxed{\dot{Z}_3}\quad}$$
$$\underbrace{}$$
合成阻抗 $\dot{Z}_s$

(1) 串聯合成阻抗　　$\dot{Z}_s =$

(2) 串聯合成阻抗的絕對值　$|\dot{Z}_s| =$

(3) 串聯合成阻抗的幅角　$\angle\dot{Z}_s =$

(4) 串聯合成導納　$\dot{Y} =$

(5) 串聯合成導納的絕對值　$|\dot{Y}_s| =$

(6) 串聯合成導納的幅角　$\angle\dot{Y}_s =$

*註：「阻抗」是電壓與電流間的相關係數，即 $V = IZ$ 中，Z 就是阻抗。而阻抗的倒數即為「導納」。

問題 5 求三個導納 $\dot{Y}_1 = 5 + 2j$, $\dot{Y}_2 = 4 - 9j$, $\dot{Y}_3 = 1 + 6j$ 並聯而成的合成阻抗 $\dot{Z}_p$ 及合成導納 $\dot{Y}_p$，並計算其絕對值與幅角。其中導納是阻抗的倒數。而在並聯時，合成導納是分別導納的總和。j 表示虛數。

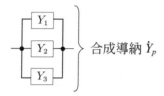

合成導納 $\dot{Y}_p$

(1) 並聯合成導納　$\dot{Y}_p =$

(2) 並聯合成導納的絕對值　$|\dot{Y}_p| =$

(3) 並聯合成導納的幅角　$\angle \dot{Y}_p =$

(4) 並聯合成阻抗　$\dot{Z}_p =$

(5) 並聯合成阻抗的絕對值　$|\dot{Z}_p| =$

(6) 並聯合成阻抗的幅角　$\angle \dot{Z}_p =$

問題 6 從下列複數方程式中，解出 C_x 和 R_x 的值。C_x 和 R_x 是未知數，而其他是已知數。j 代表虛數。

(1) $R_3 \left(\dfrac{1}{j\omega C_x} + R_x \right) = R_4 \left(\dfrac{1}{j\omega C_1} + R_1 \right)$　　　答案：$C_x =$ 　　　$R_x =$

(2) $\left(\dfrac{R_3 \dfrac{1}{j\omega C_3}}{R_3 + \dfrac{1}{j\omega C_3}} \right) \left(\dfrac{1}{j\omega C_x} + R_x \right) = R_4 \dfrac{1}{j\omega C_1}$　　　答案：$C_x =$ 　　　$R_x =$

問題 7　從下方聯立二元一次方程式中，解 $\dot{I}_2$ 的值。$\dot{I}_1$ 和 $\dot{I}_2$ 是未知數，而其他為已知數，計算 $\dot{I}_2 =$ 。其中 j 表示虛數。

$$\begin{cases} \dfrac{1}{j\omega C}\dot{I}_1 + R\left(\dot{I}_1 - \dot{I}_2\right) = V \\ R\left(\dot{I}_2 - \dot{I}_1\right) + \left(R + \dfrac{1}{j\omega C}\right)\dot{I}_2 = 0 \end{cases}$$

問題 8　求下圖端子 $a-a'$ 左邊的合成阻抗 $\dot{Z}$。其中以 ω 表示角頻率，以 j 表示虛數。

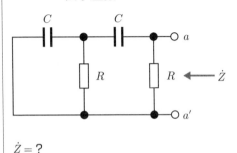

$\dot{Z} = ?$

問題 9　如下圖，輸入電壓 V_{in} 和輸出電壓 V_{out}，求 $\dfrac{V_{out}}{V_{in}}$。其中 ω 表示角頻率，j 表示虛數。

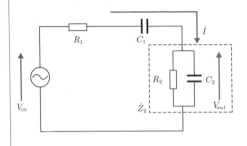

假設在電路中流通的電流為 $\dot{I}$。輸入電壓 V_{in} 可以透過電路整體的阻抗 $\dot{Z}$ 乘以電流 $\dot{I}$ 求得。而輸出電壓 V_{out} 可以透過 R_2 和 C_2 的並聯阻抗 $\dot{Z}$ 乘以電流 $\dot{I}$ 求得。

$\dfrac{V_{out}}{V_{in}} = ?$

204

問題 10 求下圖中，即使改變可變電阻 R 值，流經線圈 L 的電流 I_L 均保持不變的條件。其中 E 表示電源電壓的有效值，ω 表示角頻率，j 表示虛數。

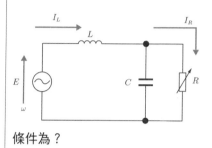

條件為？

問題 11 下圖的電阻 R 和電容的串聯電路之中，複數 $\dot{V}$ 表示電壓，複數 $\dot{I}$ 表示電流，試證明 $R\dot{I} + \dfrac{1}{j\omega C}\dot{I} = \dot{V}$。

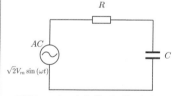

電阻 R 和電容的串聯電路

(1) $$\left(-\frac{1}{2} + \frac{\sqrt{3}\,i}{2}\right)^{12}$$

$$= (\cos 120° + i\sin 120°)^{12}$$

$$= \left(\cos\left(\frac{2}{3}\pi\right) + i\sin\left(\frac{2}{3}\pi\right)\right)^{12}$$

$$= \left(e^{i\frac{2}{3}\pi}\right)^{12}$$

$$= e^{i\frac{2}{3}\pi \times 12}$$

$$= e^{i8\pi}$$

$$= \left(e^{i2\pi}\right)^4$$

$$= (\cos 2\pi + i\sin 2\pi)^4$$

$$= (1)^4$$

$$= 1$$

(2) $$\left(\cos\frac{\pi}{9} + i\sin\frac{\pi}{9}\right)\left(\cos\frac{7\pi}{18} + i\sin\frac{7\pi}{18}\right)$$

$$= e^{i\frac{\pi}{9}}e^{i\frac{7\pi}{18}}$$

$$= e^{i\left(\frac{\pi}{9} + \frac{7\pi}{18}\right)}$$

$$= e^{i\left(\frac{2+17}{18}\pi\right)}$$

$$= e^{i\left(\frac{9}{18}\pi\right)}$$

$$= e^{i\frac{\pi}{2}}$$

$$= \cos\left(\frac{\pi}{2}\right) + i\sin\left(\frac{\pi}{2}\right)$$

$$= i$$

(3) $\quad\left(\cos\dfrac{2\pi}{15}+i\sin\dfrac{2\pi}{15}\right)\div\left(\cos\dfrac{4\pi}{5}+i\sin\dfrac{4\pi}{5}\right)$

$$= \ e^{i\left(\frac{2\pi}{15}\right)}\div e^{i\left(\frac{4\pi}{5}\right)}$$

$$= \ e^{i\left(\frac{2\pi}{15}\right)}\times e^{-i\left(\frac{4\pi}{5}\right)}$$

$$= \ e^{i\left(\frac{2\pi}{15}-\frac{4\pi}{5}\right)}$$

$$= \ e^{i\left(\frac{2-4\times3}{15}\pi\right)}$$

$$= \ e^{i\left(\frac{2-12}{15}\pi\right)}$$

$$= \ e^{i\left(-\frac{10}{15}\pi\right)}$$

$$= \ e^{i\left(-\frac{2}{3}\pi\right)}$$

$$= \ \cos\left(-\frac{2}{3}\pi\right)+i\sin\left(-\frac{2}{3}\pi\right)$$

$$= \ -\frac{1}{2}-\frac{\sqrt{3}i}{2}$$

(4) 當 $\theta = 20°$ 時，$\quad\dfrac{(\cos\theta+i\sin\theta)(\cos7\theta+i\,)}{\cos5\theta+i\sin5\theta}$

$$= \ \frac{e^{i\theta}e^{i7\theta}}{e^{i5\theta}}$$

$$= \ \frac{e^{i(1+7)\theta}}{e^{i5\theta}}$$

$$= \ \frac{e^{i8\theta}}{e^{i5\theta}}$$

$$= \ e^{i(8-5)\theta}$$

$$= \ e^{i3\theta}$$

$$= \ e^{i3\times20°}$$

$$= \ e^{i60°}$$

$$= \ \cos60°+i\sin60°$$

(1)　$v = \sqrt{2}\sin(\omega t)$　　複數表示：$\dot{V} = 1$

(2)　$v_1 = \sqrt{2}\,50\sin\left(\omega t + \dfrac{\pi}{3}\right)$

　　$\boxed{\text{複數表示}}$

$$
\begin{aligned}
\dot{V}_1 &= 50e^{i\frac{\pi}{3}} \\
&= 50\angle\dfrac{\pi}{3} \\
&= 50\left(\cos\left(\dfrac{\pi}{3}\right) + i\sin\left(\dfrac{\pi}{3}\right)\right) \\
&= 50\left(\dfrac{1}{2} + \dfrac{\sqrt{3}}{2}i\right) \\
&= 25 + 25\sqrt{3}i
\end{aligned}
$$

(3)　$v_2 = \sqrt{2}\,100\sin\left(\omega t - \dfrac{\pi}{6}\right)$

　　$\boxed{\text{複數表示}}$

$$
\begin{aligned}
\dot{V}_2 &= 100e^{-i\frac{\pi}{6}} \\
&= 100\angle\left(-\dfrac{\pi}{6}\right) \\
&= 100\left(\cos\left(-\dfrac{\pi}{6}\right) + i\sin\left(-\dfrac{\pi}{6}\right)\right) \\
&= 100\left(\dfrac{\sqrt{3}}{2} - \dfrac{1}{2}i\right) \\
&= 50\sqrt{3} - 50i
\end{aligned}
$$

(4)　$v_3 = \sqrt{2}\,200\cos\left(\omega t - \dfrac{\pi}{4}\right)$

　　基於 $\sin\left(\theta + \dfrac{\pi}{2}\right) = \sin\theta\cos\dfrac{\pi}{2} + \cos\theta\sin\dfrac{\pi}{2} = \cos\theta \times 0 + \cos\theta \times 1 = \cos\theta$

在此代入 $\theta = \omega t - \dfrac{\pi}{4}$ 進行算式變形

$$v_3 = \sqrt{2}\,200\sin\left(\omega t - \frac{\pi}{4} + \frac{\pi}{2}\right)$$

$$= \sqrt{2}\,200\sin\left(\omega t + \frac{-\pi + 2\pi}{4}\right)$$

$$= \sqrt{2}\,200\sin\left(\omega t + \frac{\pi}{4}\right)$$

複數表示

$$\dot{V}_3 = 200e^{i\frac{\pi}{4}}$$

$$= 200\angle\left(\frac{\pi}{4}\right)$$

$$= 200\left(\cos\left(\frac{\pi}{4}\right) + i\sin\left(\frac{\pi}{4}\right)\right)$$

$$= 200\left(\frac{1}{\sqrt{2}} + \frac{1}{\sqrt{2}}i\right)$$

$$= 200\left(\frac{\sqrt{2}}{2} + \frac{\sqrt{2}}{2}i\right)$$

$$= 100\sqrt{2} + 100\sqrt{2}i$$

$$= 100\sqrt{2}\,(1 + i)$$

複數表示另解

$$v_3 = \sqrt{2}\,200\sin\left(\omega t - \frac{\pi}{4} + \frac{\pi}{2}\right)$$

$$\dot{V}_3 = 200e^{i\left(-\frac{\pi}{4} + \frac{\pi}{2}\right)} = 200e^{i\left(-\frac{\pi}{4}\right)}e^{i\left(\frac{\pi}{2}\right)}$$

$$= 200\left(\cos\left(-\frac{\pi}{4}\right) + i\sin\left(-\frac{\pi}{4}\right)\right)\left(\cos\left(\frac{\pi}{2}\right) + i\sin\left(\frac{\pi}{2}\right)\right)$$

$$= 200\left(\frac{1}{\sqrt{2}} - \frac{1}{\sqrt{2}}i\right)(0 + i \times 1)$$

$$= 200\left(\frac{1}{\sqrt{2}} - \frac{1}{\sqrt{2}}i\right)i$$

$$= 200\left(\frac{1}{\sqrt{2}}i - \frac{1}{\sqrt{2}}i^2\right)$$

$$= 200\left(\frac{1}{\sqrt{2}}i - \frac{1}{\sqrt{2}} \times (-1)\right)$$

$$= 100\sqrt{2} + 100\sqrt{2}i$$

$$= 100\sqrt{2}\,(1 + i)$$

① 應用複角公式的計算

$$
\begin{aligned}
v_1 + v_2 &= 3\sqrt{2}\sin\omega t + 4\sqrt{2}\sin\left(\omega t + \frac{\pi}{3}\right) \\
&= 3\sqrt{2}\sin\omega t + 4\sqrt{2}\left(\sin\omega t\cos\left(\frac{\pi}{3}\right) + \cos\omega t\sin\left(\frac{\pi}{3}\right)\right) \\
&= 3\sqrt{2}\sin\omega t + 4\sqrt{2}\left(\sin\omega t\right)\frac{1}{2} + 4\sqrt{2}\left(\cos\omega t\right)\frac{\sqrt{3}}{2} \\
&= 3\sqrt{2}\sin\omega t + 2\sqrt{2}\sin\omega t + 2\sqrt{6}\cos\omega t \\
&= 5\sqrt{2}\sin\omega t + 2\sqrt{6}\cos\omega t \\
&= \sqrt{\left(5\sqrt{2}\right)^2 + \left(2\sqrt{6}\right)^2}\left(\frac{5\sqrt{2}\sin\omega t + 2\sqrt{6}\cos\omega t}{\sqrt{\left(5\sqrt{2}\right)^2 + \left(2\sqrt{6}\right)^2}}\right) \\
&= \sqrt{50 + 24}\left(\frac{5\sqrt{2}\sin\omega t + 2\sqrt{6}\cos\omega t}{\sqrt{50 + 24}}\right) \\
&= \sqrt{74}\left(\sin\omega t\frac{5\sqrt{2}}{\sqrt{74}} + \cos\omega t\frac{2\sqrt{6}}{\sqrt{74}}\right)
\end{aligned}
$$

假設 $\sin\theta = \dfrac{2\sqrt{6}}{\sqrt{74}}$, $\cos\theta = t\dfrac{5\sqrt{2}}{\sqrt{74}}$, $\tan\theta = \dfrac{2\sqrt{6}}{5\sqrt{2}} = \dfrac{2\sqrt{3}}{5}$ ，則

$$
\begin{aligned}
v_1 + v_2 &= \sqrt{74}\left(\sin\omega t\cos\theta + \cos\omega t\sin\theta\right) \\
&= \sqrt{74}\sin\left(\omega t + \theta\right)
\end{aligned}
$$

其中 $\theta = \tan^{-1}\dfrac{2\sqrt{3}}{5}$ 。

② 轉換成複數後相加，再轉換回 sin 函數計算時，先假設 v_1 的複數表示為 $\dot{V}_1$，v_2 的複數表示為 $\dot{V}_2$，複數表示的絕對值為有效值，轉換其中的 $e^{i\omega t}$ 為一般式（不用以指數表示的極座標）。

$$
\begin{aligned}
\dot{V}_1 + \dot{V}_2 &= 3 + 4e^{i\frac{\pi}{3}} \\
&= 3 + 4\left(\cos\frac{\pi}{3} + i\sin\frac{\pi}{3}\right) \\
&= 3 + 4\left(\frac{1}{2} + \frac{\sqrt{3}}{2}i\right) \\
&= 3 + 2 + 2\sqrt{3}i \\
&= 5 + 2\sqrt{3}i
\end{aligned}
$$

絕對值 $\left| \dot{V}_1 + \dot{V}_2 \right| = \sqrt{5^2 + \left(2\sqrt{3} \right)^2} = \sqrt{25 + 12} = \sqrt{37}$，幅角$\angle \left(\dot{V}_1 + \dot{V}_2 \right) = \tan^{-1} \left(\dfrac{2\sqrt{3}}{5} \right)$

由於複數表示的絕對值爲有效值，乘以 $\sqrt{2}$ 倍後，

$$
\begin{aligned}
v_1 + v_2 &= \sqrt{2} \left| \dot{V}_1 + \dot{V}_2 \right| \sin \left(\omega t + \angle \left(\dot{V}_1 + \dot{V}_2 \right) \right) \\
&= \sqrt{2}\sqrt{37} \sin \left(\omega t + \tan^{-1} \left(\dfrac{2\sqrt{3}}{5} \right) \right) = \sqrt{74} \sin \left(\omega t + \theta \right)
\end{aligned}
$$

其中 $\theta = \tan^{-1} \dfrac{2\sqrt{3}}{5}$ 。

當然，①應用複角公式的計算結果，會與②將 v_1 和 v_2 各自轉換成複數，相加後轉換回sin函數，兩者計算結果一致。可是，在計算電壓和 $v_1 + v_2$ 時，以複數計算時運算較少，因此較爲簡單。

兩個電壓波形 $v_1 = 3\sqrt{2} \sin (\omega t)$，$v_2 = 4\sqrt{2}\sin\left(\omega t + \dfrac{\pi}{3}\right)$，以及兩者相加後的波形如下圖所示。

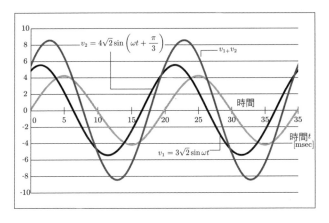

●基於串聯，合成阻抗是個別阻抗的總和

串聯合成阻抗　$\dot{Z}_s = \dot{Z}_1 + \dot{Z}_2 + \dot{Z}_3 = 2 + 3j + 1 + 9j + 4 - 7j = 7 + 5j$

串聯合成阻抗的絕對值　$\left| \dot{Z}_s \right| = \sqrt{7^2 + 5^2} = \sqrt{49 + 25} = \sqrt{74}$

串聯合成阻抗的幅角　$\angle \dot{Z}_s = \tan^{-1}\left(\dfrac{5}{7}\right) = 35.5° = 0.62\,\text{(rad)}$

串聯合成導納
$$\dot{Y}_s = \frac{1}{\dot{Z}_s} = \frac{1}{7 + 5j} = \frac{7 - 5j}{(7 + 5j)(7 - 5j)}$$
$$= \frac{7 - 5j}{49 + 25} = \frac{7 - 5j}{74}$$

串聯合成導納的絕對值　$\left| \dot{Y}_s \right| = \dfrac{1}{\sqrt{7^2 + 5^2}} = \dfrac{1}{\sqrt{49 + 25}} = \dfrac{1}{\sqrt{74}}$

串聯合成導納的幅角
$$\angle \dot{Y}_s = \tan^{-1}\left(\frac{-\dfrac{5}{74}}{\dfrac{7}{74}}\right) = \tan^{-1}\left(\frac{-5}{7}\right)$$
$$= -35.5° = -0.62\,\text{(rad)}$$

●在並聯時，合成導納是分別導納的總和

並聯合成導納　$\dot{Y}_p = \dot{Y}_1 + \dot{Y}_2 + \dot{Y}_3 = 5 + 2j + 4 - 9j + 1 + 6j = 10 - j$

並聯合成導納的絕對值　$\left| \dot{Y}_p \right| = \sqrt{10^2 + 1^2} = \sqrt{101}$

並聯合成導納的幅角　$\angle \dot{Y}_p = \tan^{-1}\left(\dfrac{-1}{10}\right) = -5.71° = -0.1\,\text{(rad)}$

並聯合成阻抗
$$\dot{Z}_p = \frac{1}{\dot{Y}_p} = \frac{1}{10 - j}$$
$$= \frac{10 + j}{(10 - j)(10 + j)}$$
$$= \frac{10 + j}{100 + 1} = \frac{10 + j}{101}$$

並聯合成阻抗的絕對值　$\left| \dot{Z}_p \right| = \dfrac{1}{\sqrt{10^2 + 1^2}} = \dfrac{1}{\sqrt{101}}$

並聯合成阻抗的幅角　$\angle \dot{Z}_p = \tan^{-1}\left(\dfrac{\dfrac{1}{101}}{\dfrac{10}{101}} \right) = \tan^{-1}\left(\dfrac{1}{10} \right)$

$$= 5.71° = 0.1\,[\text{rad}]$$

問題 6 的解答

(1)　$R_3\left(\dfrac{1}{j\omega C_x} + R_x \right) = R_4\left(\dfrac{1}{j\omega C_1} + R_1 \right)$

　　　$\dfrac{R_3}{j\omega C_x} + R_3 R_x = \dfrac{R_4}{j\omega C_1} + R_4 R_1$

在此，由於兩邊複數相等（＝），所以兩邊的實部和虛部也會各自相等。因此，

比較實部，$R_3 R_x = R_4 R_1$　∴ $R_x = \dfrac{R_4 R_1}{R_3}$

比較虛部，

$$\dfrac{R_3}{\omega C_x} = \dfrac{R_4}{\omega C_1}$$

$$C_x R_4 = C_1 R_3$$

$$C_x = \dfrac{C_1 R_3}{R_4} \qquad\qquad \text{答案：} C_x = \dfrac{R_3}{R_4} C_1 \qquad R_x = \dfrac{R_1}{R_3} R_4$$

(2)　$\left(\dfrac{R_3 \dfrac{1}{j\omega C_3}}{R_3 + \dfrac{1}{j\omega C_3}} \right)\left(\dfrac{1}{j\omega C_x} + R_x \right) = R_4 \dfrac{1}{j\omega C_1}$

　　$\left(\dfrac{R_3 \dfrac{1}{j\omega C_3}}{R_3 + \dfrac{1}{j\omega C_3}} \times \dfrac{j\omega C_3}{j\omega C_3} \right)\left(\dfrac{1 + j\omega C_x R_x}{j\omega C_x} \right) = \dfrac{R_4}{j\omega C_1}$

　　　　　　$\left(\dfrac{R_3}{j\omega C_3 R_3 + 1} \right)\left(\dfrac{1 + j\omega C_x R_x}{j\omega C_x} \right) = \dfrac{R_4}{j\omega C_1}$

在此，依左邊分子×右邊分母＝右邊分子×左邊分母

$$R_3\left(1 + j\omega C_x R_x\right)j\omega C_1 = R_4\left(j\omega C_3 R_3 + 1\right)j\omega C_x$$

兩邊同除以 $j\omega$，

$$C_1 R_3\left(1 + j\omega C_x R_x\right) = C_x R_4\left(j\omega C_3 R_3 + 1\right)$$

$$C_1 R_3 + j\omega C_1 R_3 C_x R_x = C_x R_4 + j\omega C_x R_4 C_3 R_3$$

比較兩邊實部， $C_1 R_3 = C_x R_4$

$$C_x = \frac{R_3}{R_4}C_1$$

比較兩邊虛部，

$$C_1 R_3 C_x R_x = C_x R_4 C_3 R_3$$

$$C_1 R_x = R_4 C_3$$

$$R_x = \frac{C_3}{C_1}R_4 \qquad\qquad 答案：C_x = \frac{R_3}{R_4}C_1 \qquad R_x = \frac{C_3}{C_1}R_4$$

問題 7 的解答

$$\left.\begin{array}{l} \dfrac{1}{j\omega C}\dot{I}_1 + R\left(\dot{I}_1 - \dot{I}_2\right) = V \qquad ① \\[2mm] R\left(\dot{I}_2 - \dot{I}_1\right) + \left(R + \dfrac{1}{j\omega C}\right)\dot{I}_2 = 0 \quad ② \end{array}\right\}$$

由①

$$\left(R + \frac{1}{j\omega C}\right)\dot{I}_1 - R\dot{I}_2 = V \qquad ③$$

由②

$$-R\dot{I}_1 + \left(2R + \frac{1}{j\omega C}\right)\dot{I}_2 = 0 \qquad ④$$

由④， $\dot{I}_1 = \dfrac{1}{R}\left(2R + \dfrac{1}{j\omega C}\right)\dot{I}_2$ ，代入③

$$\left(R + \frac{1}{j\omega C}\right)\frac{1}{R}\left(2R + \frac{1}{j\omega C}\right)\dot{I}_2 - R\dot{I}_2 = V$$

$$\left\{\frac{1}{R}\left(R + \frac{1}{j\omega C}\right)\left(2R + \frac{1}{j\omega C}\right) - R\right\}\dot{I}_2 = V$$

214

兩邊乘以 $R(j\omega C)^2$，

$$\left\{ R\frac{1}{R}(j\omega C)\left(R+\frac{1}{j\omega C}\right)(j\omega C)\left(2R+\frac{1}{j\omega C}\right)-RR(j\omega C)^2\right\}\dot{I}=R(j\omega C)^2 V$$

$$\left\{(j\omega CR+1)(j2\omega CR+1)-R^2(j\omega C)^2\right\}\dot{I}_2=R(j\omega C)^2 V$$

$$\left\{2(j\omega CR)^2+j\omega CR+j2\omega CR+1+(\omega CR)^2\right\}\dot{I}_2=-R(\omega C)^2 V$$

$$\left\{1-2(\omega CR)^2+(\omega CR)^2+j\omega CR+j2\omega CR\right\}\dot{I}_2=-R(\omega C)^2 V$$

$$\left\{1-(\omega CR)^2+j3\omega CR\right\}\dot{I}_2=-R(\omega C)^2 V$$

$$\dot{I}_2=\frac{-R(\omega C)^2 V}{1-(\omega CR)^2+j3\omega CR}$$

另解 1

若以矩陣表示這兩式

$$\begin{bmatrix} R+\dfrac{1}{j\omega C} & -R \\ -R & 2R+\dfrac{1}{j\omega C} \end{bmatrix}\begin{bmatrix} \dot{I}_1 \\ \dot{I}_2 \end{bmatrix}=\begin{bmatrix} V \\ 0 \end{bmatrix}$$

為求逆矩陣，先計算行列式 Det（Determinant的簡寫）。

由於矩陣 $\begin{bmatrix} a & b \\ c & d \end{bmatrix}$ 的行列式 Det 是 Det $=ad-bc$，

$$\begin{aligned} \mathrm{Det} &= \left(R+\frac{1}{j\omega C}\right)\left(2R+\frac{1}{j\omega C}\right)-R^2 \\ &= \left(\frac{j\omega CR+1}{j\omega C}\right)\left(\frac{j2\omega CR+1}{j\omega C}\right)-R^2 \\ &= \frac{2(j\omega CR)^2+j\omega CR+j2\omega CR+1}{(j\omega C)^2}-R^2 \\ &= \frac{1-2(\omega CR)^2+j3\omega CR+(\omega C)^2 R^2}{-(\omega C)^2} \\ &= \frac{1-(\omega CR)^2+j3\omega CR}{-(\omega C)^2} \end{aligned}$$

基於矩陣 $\begin{bmatrix} a & b \\ c & d \end{bmatrix}$ 的逆矩陣是 $\begin{bmatrix} d & -b \\ -c & a \end{bmatrix}$，以及逆矩陣×矩陣等於單位矩陣 $\begin{bmatrix} 1 & 0 \\ 0 & 1 \end{bmatrix}$，

兩邊乘以矩陣 $\begin{bmatrix} R + \dfrac{1}{j\omega C} & -R \\ -R & 2R + \dfrac{1}{j\omega C} \end{bmatrix}$ 的逆矩陣，

$$\begin{bmatrix} \dot{I}_1 \\ \dot{I}_2 \end{bmatrix} = \frac{1}{\text{Det}} \begin{bmatrix} 2R + \dfrac{1}{j\omega C} & R \\ R & R + \dfrac{1}{j\omega C} \end{bmatrix} \begin{bmatrix} V \\ 0 \end{bmatrix}$$

$$= \frac{-(\omega C)^2}{1 - (\omega C R)^2 + j3\omega C R} \begin{bmatrix} 2R + \dfrac{1}{j\omega C} & R \\ R & R + \dfrac{1}{j\omega C} \end{bmatrix} \begin{bmatrix} V \\ 0 \end{bmatrix}$$

計算 $\dot{I}_2$，

$$\dot{I}_2 = \frac{-(\omega C)^2}{1 - (\omega C R)^2 + j3\omega C R} RV = \frac{-R(\omega C)^2 V}{1 - (\omega C R)^2 + j3\omega C R}$$

另解 2

若以矩陣表示這兩式，並用克拉瑪公式（見《世界第一簡單線性代數》世茂出版 2010 年第 117 頁）求解，

$$\dot{I}_2 = \frac{\begin{vmatrix} R + \dfrac{1}{j\omega C} & V \\ -R & 0 \end{vmatrix}}{\text{Det}}$$

$$= \frac{-(\omega C)^2}{1 - (\omega C R)^2 + j3\omega C R} \left\{ \left(R + \frac{1}{j\omega C} \right) \times 0 + RV \right\}$$

$$= \frac{-R(\omega C)^2 V}{1 - (\omega C R)^2 + j3\omega C R}$$

運算會更簡單。

其中，利用了行列式的計算：$\begin{vmatrix} R + \dfrac{1}{j\omega C} & V \\ -R & 0 \end{vmatrix} = \left(R + \dfrac{1}{j\omega C} \right) \times 0 - (-RV)$

問題中的圖，左邊的 RC 並聯電路，與 C 以串聯連接，再和 R 以並聯連接。$\dot{Z}_1$ 和 $\dot{Z}_2$ 以串聯連接時，合成阻抗是 $\dot{Z}_s = \dot{Z}_1 + \dot{Z}_2$；$\dot{Z}_3$ 和 $\dot{Z}_4$ 以並聯連接時，合成阻抗是 $\dot{Z}_p = \dfrac{\dot{Z}_3 \dot{Z}_4}{\dot{Z}_3 + \dot{Z}_4}$。由於電容 C 的阻抗是 $\dfrac{1}{j\omega C}$，在問題中的電路，除去最右邊的 R 後，阻抗 $\dot{Z}'$ 為

$$\dot{Z}' = \frac{R\dfrac{1}{j\omega C}}{R + \dfrac{1}{j\omega C}} + \frac{1}{j\omega C} = \frac{R}{j\omega CR + 1} + \frac{1}{j\omega C}$$

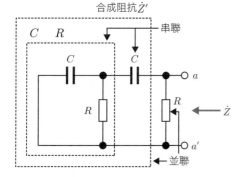

合成阻抗 $\dot{Z}'$
串聯
並聯
$\dot{Z}$

因此，所求的合成阻抗 $\dot{Z}$ 是

$$
\begin{aligned}
\dot{Z} &= \frac{R\dot{Z}'}{R + \dot{Z}'} = \frac{R\left(\dfrac{R}{j\omega CR + 1} + \dfrac{1}{j\omega C}\right)}{R + \dfrac{R}{j\omega CR + 1} + \dfrac{1}{j\omega C}} \\[2mm]
&= \frac{R\left(\dfrac{R}{j\omega CR + 1} + \dfrac{1}{j\omega C}\right)}{R + \dfrac{R}{j\omega CR + 1} + \dfrac{1}{j\omega C}} \times \frac{(j\omega CR + 1)\,j\omega C}{(j\omega CR + 1)\,j\omega C} \\[2mm]
&= \frac{R\left(Rj\omega C + j\omega CR + 1\right)}{j\omega CR\left(j\omega CR + 1\right) + Rj\omega C + j\omega CR + 1} \\[2mm]
&= \frac{R\left(1 + j2\omega CR\right)}{(j\omega CR)^2 + j\omega CR + j\omega CR + j\omega CR + 1} \\[2mm]
&= \frac{R\left(1 + j2\omega CR\right)}{1 - (\omega CR)^2 + j3\omega CR}
\end{aligned}
$$

問題 9 的解答

先計算電路整體的阻抗。兩個阻抗串聯等同「阻抗相加」，而兩個阻抗並聯等同 $\dfrac{阻抗相乘}{阻抗相加}$。由於電容的阻抗是 $\dfrac{1}{j\omega C}$，

$$\dot{Z} = R_1 + \frac{1}{j\omega C_1} + \frac{R_2 \dfrac{1}{j\omega C_2}}{R_2 + \dfrac{1}{j\omega C_2}} = R_1 + \frac{1}{j\omega C_1} + \frac{R_2}{j\omega C_2 R_2 + 1}$$

因此，$\dot{V}_{in} = \left(R_1 + \dfrac{1}{j\omega C_1} + \dfrac{R_2}{j\omega C_2 R_2 + 1} \right) \dot{I}$

由於 $\dot{V}_{out} = \left(\dfrac{R_2 \dfrac{1}{j\omega C_2}}{R_2 + \dfrac{1}{j\omega C_2}} \right) \dot{I} = \dfrac{R_2}{j\omega C_2 R_2 + 1} \dot{I}$

$$\begin{aligned}
\frac{\dot{V}_{out}}{\dot{V}_{in}} &= \frac{\dfrac{R_2}{j\omega C_2 R_2 + 1}\dot{I}}{\left(R_1 + \dfrac{1}{j\omega C_1} + \dfrac{R_2}{j\omega C_2 R_2 + 1} \right)\dot{I}} \\
&= \frac{\dfrac{R_2}{j\omega C_2 R_2 + 1}}{R_1 + \dfrac{1}{j\omega C_1} + \dfrac{R_2}{j\omega C_2 R_2 + 1}} \times \frac{j\omega C_1\,(j\omega C_2 R_2 + 1)}{j\omega C_1\,(j\omega C_2 R_2 + 1)} \\
&= \frac{j\omega C_1 R_2}{R_1 j\omega C_1\,(j\omega C_2 R_2 + 1) + j\omega C_2 R_2 + 1 + j\omega C_1 R_2} \\
&= \frac{j\omega C_1 R_2}{1 - \omega^2 C_1 C_2 R_1 R_2 + j\omega\,(C_1 R_1 + C_1 R_2 + C_2 R_2)}
\end{aligned}$$

因此，

$$\begin{aligned}
\frac{V_{out}}{V_{in}} &= \left| \frac{\dot{V}_{out}}{\dot{V}_{in}} \right| \\
&= \left| \frac{j\omega C_1 R_2}{1 - \omega^2 C_1 C_2 R_1 R_2 + j\omega\,(C_1 R_1 + C_1 R_2 + C_2 R_2)} \right| \\
&= \frac{\omega C_1 R_2}{\sqrt{(1 - \omega^2 C_1 C_2 R_1 R_2)^2 + \omega^2\,(C_1 R_1 + C_1 R_2 + C_2 R_2)^2}}
\end{aligned}$$

218

假設電路整體的阻抗為 $\dot{Z}$，由於線圈的阻抗為 $j\omega L$，

$$\dot{Z} = j\omega L + \cfrac{R\cfrac{1}{j\omega C}}{R + \cfrac{1}{j\omega C}}$$

$$= j\omega L + \cfrac{R}{1 + j\omega CR}$$

假設流經電圈的電流為 $\dot{I}_L$，由於電壓＝阻抗×電流，

$$E = \left(j\omega L + \cfrac{R}{1 + j\omega CR} \right) \dot{I}_L$$

因此，

$$\dot{I}_L = \cfrac{E}{j\omega L + \cfrac{R}{1 + j\omega CR}}$$

$$= \cfrac{E}{j\omega L + \cfrac{R}{1 + j\omega CR}} \times \cfrac{1 + j\omega CR}{1 + j\omega CR}$$

$$\dot{I}_L = \cfrac{1 + j\omega CR}{j\omega L \left(1 + j\omega CR \right) + R} E$$

$$= \cfrac{1 + j\omega CR}{R - \omega^2 CLR + j\omega L} E$$

依照題意，先計算流經電圈的電流 $\dot{I}_L$ 的有效值，並以 k' 表示。

$$\left| \dot{I}_L \right| = \left| \cfrac{1 + j\omega CR}{R - \omega^2 CLR + j\omega L} E \right| = \cfrac{\sqrt{1^2 + (\omega CR)^2} E}{\sqrt{(R - \omega^2 CLR)^2 + (\omega L)^2}} = k'$$

在此，令 $\cfrac{\sqrt{1^2 + (\omega CR)^2}}{\sqrt{(R - \omega^2 CLR)^2 + (\omega L)^2}} = \cfrac{k'}{E} = k$

$$\sqrt{1^2 + (\omega CR)^2} = k\sqrt{(R - \omega^2 CLR)^2 + (\omega L)^2}$$

對兩邊取平方，

$$1^2 + (\omega CR)^2 = k^2 \left\{ (R - \omega^2 CLR)^2 + (\omega L)^2 \right\}$$

整理 R 項，

$$
\begin{aligned}
1 + (\omega CR)^2 &= k^2 (R - \omega^2 CLR)^2 + k^2 (\omega L)^2 \\
&= k^2 \{ R(1 - \omega^2 CL) \}^2 + k^2 (\omega L)^2 \\
&= k^2 R^2 (1 - \omega^2 CL)^2 + k^2 (\omega L)^2
\end{aligned}
$$

$$k^2 R^2 (1 - \omega^2 CL)^2 + k^2 (\omega L)^2 - (\omega CR)^2 - 1 = 0$$

$$R^2 \left\{ k^2 (1 - \omega^2 CL)^2 - (\omega C)^2 \right\} + k^2 (\omega L)^2 - 1 = 0$$

為使流經線圈的電流 I_L 有效值，不受 R 變化的影響，而能保持不變，換言之，要使上式不受 R 的數值影響而成立，

$$k^2 (1 - \omega^2 CL)^2 - (\omega C)^2 = 0 \quad ①$$

$$k^2 (\omega L)^2 - 1 = 0 \qquad\qquad ②$$

兩式必須同時成立。

由②，得 $k^2 = \dfrac{1}{(\omega L)^2}$，代入①

$$\frac{1}{(\omega L)^2} (1 - \omega^2 CL)^2 - (\omega C)^2 = 0$$

兩邊乘以

$$
\begin{aligned}
(1 - \omega^2 CL)^2 - (\omega L)^2 (\omega C)^2 &= 0 \\
1 - 2\omega^2 CL + (\omega^2 CL)^2 - (\omega^2 CL)^2 &= 0 \\
1 - 2\omega^2 CL &= 0 \\
2\omega^2 CL &= 1 \\
\omega L &= \frac{1}{2\omega C}
\end{aligned}
$$

答案： 即使改變可變電阻 R 的值，使流經線圈 L 的電流 I_L 均保持不變的條件，就是 $\omega L = \dfrac{1}{2\omega C}$。

問題 11 的解答

若不運用複數，數學式會變成

$$Ri\,(t) + \frac{1}{C} \int i\,(t)\,dt = \sqrt{2}\,V_m \sin(\omega t)$$

在此，以 $\dot{V} = V_m e^{j\omega t}$ 作為 $\sqrt{2}\,V_m \sin(\omega t)$ 的複數表示，電流是 $\sqrt{2}\,I_m \sin(\omega t + \theta)$，以 $\dot{I} = I_m e^{j(\omega t + \theta)}$ 為複數表示，上式即變為，

$$R\dot{I} + \frac{1}{C} \int I_m e^{j(\omega t + \theta)} dt = \dot{V}$$

$$R\dot{I} + \frac{1}{C} I_m e^{j\theta} \int e^{j\omega t} dt = \dot{V}$$

$$R\dot{I} + \frac{1}{C} I_m e^{j\theta} \frac{1}{j\omega} e^{j\omega t} = \dot{V}$$

$$R\dot{I} + \frac{1}{j\omega C} I_m e^{j\theta} e^{j\omega t} = \dot{V}$$

$$R\dot{I} + \frac{1}{j\omega C} I_m e^{j(\omega t + \theta)} = \dot{V}$$

$$R\dot{I} + \frac{1}{j\omega C} \dot{I} = \dot{V}$$

上式忽略不定積分的積分常數。

索引

作者簡介

相知 政司

生於 1964 年 12 月。1989 年於日本長崎大學研究院修畢碩士課程，進入一般民營企業工作。

期間任職達兩年，但由於未放棄成為研究員的夢想，1991 年轉職佐賀大學，擔任助理。

2000 年 3 月獲頒工程學博士學位。2000 年 4 月出任佐賀大學講師。2002 年原校升任助理教授。2008 年出任千葉工業大學教授，直至現在。

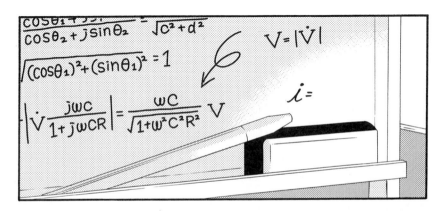

國家圖書館出版品預行編目資料

世界第一簡單虛數. 複數 / 相知政司作；
　直樹譯. -- 初版. -- 新北市：世茂, 2013.09
　面；　公分. --（科學視界；161）

　　ISBN 978-986-6097-98-0（平裝）

1.數論

313.6　　　　　　　　　　　102013147

科學視界 161

世界第一簡單虛數・複數

作　　者／相知政司
譯　　者／直樹
主　　編／簡玉芬
責任編輯／陳文君
出 版 者／世茂出版有限公司
負 責 人／簡泰雄
地　　址／（231）新北市新店區民生路 19 號 5 樓
電　　話／（02）2218-3277
傳　　真／（02）2218-3239（訂書專線）
　　　　　（02）2218-7539
劃撥帳號／19911841
戶　　名／世茂出版有限公司
　　　　　單次郵購總金額未滿 500 元（含），請加 50 元掛號費
酷 書 網／www.coolbooks.com.tw
排版製版／辰皓國際出版製作有限公司
印　　刷／祥新印刷股份有限公司
初版一刷／2013 年 9 月
　　三刷／2020 年 3 月

ＩＳＢＮ／978-986-6097-98-0
定　　價／280 元

Original Japanese edition
Manga de Wakaru Kyosuu・Fukusosuu
By Masashi Ohchi and TREND-PRO
Copyright © 2010 by Masashi Ohchi and TREND-PRO
Published by Ohmsha, Ltd.
This Chinese Language edition co-published by Ohmsha, Ltd. And SHYMAU
Copyright © 2013
All rights reserved.